KB272176

한 달쯤, 런던

LONDON HOLIDAY

여행 속에 머무르는 시간 | 한 달쯤 시리즈

한 달쯤, 런던

LONDON HOLIDAY

황소경 지음

봄엔

조금 먼저 발견한 런던 이야기

살인적인 물가, 높은 세금, 비가 멈추지 않는 우중충한 하늘, 관공서의 느린 일처리, 지하철에만 들어가면 먹통이 되는 핸드폰까지… 과연 이곳에서 계속 살 수 있을까? 런던에서 잠깐이라도 거주했던 사람이라면 누구나 처음에 느꼈을 그 감정은 내게도 마찬가지였다. 나와 남편이 처음 이곳에 오며 머무르기로 계획했던 일 년의 시간, 그 일 년이면 런던에서의 경험은 충분하고도 남을 것 같았다. 그런 내가 어떻게 3년째 이곳에 살고 있는 것일까? 무엇이 아쉬워서 이곳을 떠나지 못하는 것일까? 어느 날 문득 궁금해지기 시작했다.

그 이유는 아마도 할머니가 머리맡에서 들려주는 재미난 옛날이야기를 더 듣고 싶어 잠들지 못하는 아이의 마음과 같은 것이 아닐까 싶다. '그땐 그랬지' 하며 지난날의 화려했던 옛 추억들을 들려주는 할머니의 옛날이야기처럼 이 도시가 들려주는 이야기가 점점 더 궁금해지고 있기 때문이다.

영국인들은 느긋한 그네들의 성격처럼 긴 세월 동안 천천히 그들의 역사와 문화를 빚어왔다. 곱게 물든 낙엽처럼 지난 시간을 아름답게 간직하고 있는 곳이 바로 영국의 수도 런던이다. 그래서 이곳에는 짧은 시간에 숨가쁘게 성장한 나라가 흉내 낼 수 없는 깊이의 문화와 삶의 여유를 곳곳에서 발견할 수 있다.

그중 하나가 우리와는 조금 다른, 영국인들의 아름다움에 대한 가치관이다. 우리가 부유함에서 연상되는 이미지로 보통 현대적인 아파트와 고급차를 먼저 떠올린다면, 그들에게 풍족함이란 예쁜 꽃으로 아름답게 꾸며진 정원이 있는 고풍스러운 고급 맨션의 이미지에 더 가깝다. 내가 매일 지나는 노란 대문의 어느 집은 사시사철 예쁜 꽃들로 창가가 허전할 틈이 없고, 귀여운 할머니가 장난감 같은 자그마한 빨간 빈티지 자동차를 몰고 다니기도 한다. 전통을 소중하게 여기고 자랑스러워 하는 모습이 무엇보다도 인상적인 그들이 일상 생활 속에서 작은 것 하나도 기록하고 간직하는 것을 보면 부럽다 못해 질투가 날 정도다.

한편 런던은 디자인, 패션, 영화, 음악, 뮤지컬, 드라마, 미식 등 현재 세계 문화 시장을 선도하는 중심 도시를 이야기할 때 어김없이 등장하는 곳이기도 하다. BBC드라마 〈셜록〉, 뮤지컬 〈빌리 엘리어트〉, 판타지 영화 〈해리포터〉, 가수 아델과 예술가 데미안 허스트, 자동차 미니 쿠퍼, 브리티시 룩, 패션 디자이너 존 갈리아노, 요리사 제이미 올리버 등은 영국에 관심이 없는 사람이라도 누구나 한 번쯤 들어봤을 이름들이다. '쿨 브리타니아 Cool Britania'라는 도시 슬로건처럼 영국은 쿨하고 멋진 영국산 문화 상품들을 세계에 수출하며 쿨한 도시의 이미지를 구축하고 있다.

오랜 전통을 간직한 고풍스런 모습 속에 세련된 문화가 공존하는 도시의 매력이 아마도 런던이 가진 최고의 매력이자 사람들을 런던으로 향하게 하고 또 쉽게 떠나지 못하게 하는 이유가 아닐까?

오늘도 나는 이곳에서 매일 조금씩 런던을 알아가고 있는 중이다. 어쩌면 이 도시를 떠나는 순간까지 런던의 매력을 모두 발견하지 못할 수도 있다. 배운 것이라고는 요리밖에 없는 사람이 처음으로 쓴 부족한 글과 사진이지만 다른 도시에 살고 있는 누군가의 이야기 혹은 런던에 살고 있는 친구가 들려주는, 조금 더 먼저 발견한 런던 이야기로 부담 없이 읽어주었으면 한다. 그동안 레스토랑 키친에서 만든 요리로 사람들을 만났다면, 이번에는 내가 들려주는 이야기, 내가 찾아낸 런던의 이야기로 지구 반대편의 누군가를 만날 생각을 하니 벌써부터 마음이 설렌다.

2014. 7. 황소영

SPECIAL THANKS TO

생초보 작가에게 《한 달쯤, 런던》을 맡겨주신 낙선영 대표님, 스물두 살 런던에서의 추억을 떠올리며 같이 고민해주고 멋지게 편집해주신 신혜진 에디터님, 한 번도 만난 적이 없는데도 여러 번 만난 것처럼 느껴지는 정해진 디자이너님 고맙습니다.
연락 자주 못 드려도 이해해주신 시부모님, 언제나 용기 잃지 않게 다독여주고 격려해주신 사랑하는 나의 가족, 늦게까지 불 켜놓고 작업해도 옆에서 잘 자준 남편, 언제나 진심 어린 응원과 관심, 격려의 메시지를 보내준 친구들에게 감사의 인사를 드립니다.

대중교통 타고 런던 즐기기

런던은 대중교통 요금이 비싸기로 소문난 도시다. 버스의 1회 탑승 요금은 한화로 4천 원(2.40£)이 넘고, 지하철은 무려 8천 원(4.70£)이 넘는다. 하지만 이는 현금으로 계산한 경우다. 런던의 교통카드인 오이스터 카드를 잘 이용하면 좀 더 저렴한 가격으로 대중교통을 이용할 수 있으므로 이용 횟수와 일수, 지역 등을 고려하여 계획을 세워보자. 여전히 비싼 요금이지만 세계에서 가장 오래된 지하철, 빨간색 2층 버스, 도심 구석구석을 누빌 수 있는 자전거에는 분명 런던에서만 느낄 수 있는 매력이 가득하다. 단순한 교통 수단, 그 이상의 매력을 지닌 런던의 탈것에 대해 알아보자.

영국 교통 정보 www.tfl.gov.uk

오이스터 카드 Oyster Card

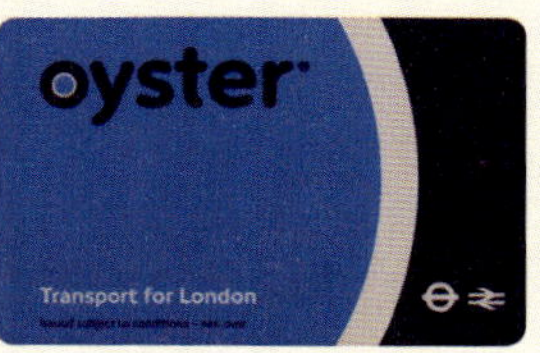

충전식 교통카드로 영국의 지하철, 시내버스, 수상버스 등 대부분의 대중교통을 이용할 수 있다. 런던의 대중교통 요금은 현금을 사용하는 것보다 오이스터 카드를 사용할 때 할인율이 높기 때문에 런더너들은 대부분 오이스터 카드를 사용한다. 지하철역의 발권기 및 역 내의 티켓 오피스에서 구입할 수 있으며, 보증금 5파운드는 카드 반납 시 돌려받을 수 있다.

* 캐핑 Capping

하루(4:30~익일4:29) 내에는 오이스터 카드를 아무리 많이 사용하더라도 일정한 금액 이상은 청구되지 않는 것을 말한다. 하루에 청구되는 최대 금액은 버스 4.40£, 지하철(1~2존) 피크 타임 8.40£, 오프 피크 타임 7£ 등 해당 구역&시간대의 1일 이용권 금액과 동일하다.

트래블 카드 Travel Card

1일, 7일, 1개월, 1년 단위로 구입할 수 있는 종이 티켓. 버스, 지하철, 오버그라운드, DLR, 트램 모두 사용 가능하다.

영국의 상징 빨간색 2층 버스 타고 런던 구경하기 

더블 데커Double Decker 혹은 루트마스터Routemaster라 불리는 빨간색 2층 버스는 런던에서 누릴 수 있는 특별한 경험 중 하나다. 2층 버스에 앉아 창밖의 경치를 바라보는 것만으로도 일상 속의 또 다른 여행이 된다. 도심 구석구석을 거미줄처럼 연결하는 1백 개의 버스 노선 중에 대표적인 명소를 지나는 노선을 골라 버스 여행을 떠나보는 것은 어떨까?

요금

현금	2.40£
오이스터 카드	1.45£
1일 이용권	4.40£
7일 이용권	20.20£
1개월 이용권	77.60£

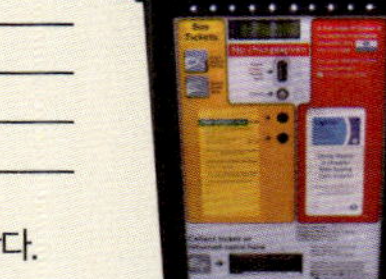

* 이용권은 버스 정류장의 발권기에서 판매한다.
* 현금은 버스 기사에게 직접 내면 된다.

나이트 버스Night Bus

버스와 지하철의 운행 시간은 대략 새벽 5시부터 밤 12시까지다. 하지만 번호가 N으로 시작하는 버스는 나이트 버스로 밤 11시부터 아침 7시 사이에만 운행한다. 운행 노선은 대부분 N을 제외한 번호의 노선과 유사하지만 종점이 더 먼 경우가 많다. 다만 일부 버스는 아예 다른 노선으로 운행되기도 하니 미리 확인해야 한다.

추천 버스 노선

23번 노선 주요 볼거리

거킨 타워The Gherkin – 뱅크Bank – 세인트 폴 대성당St. Paul's Cathedral – 플릿 스트리트Fleet Street – 트라팔가 광장Trafalgar Square – 피커딜리 서커스Piccadilly Circus – 옥스퍼드 서커스Oxford Circus & 본드 스트리트Bond Street – 마블 아치Marble Arch

24번 노선 주요 볼거리

웨스트민스터 대성당Westminster Abbey & 국회의사당Houses of Parliament & 빅벤Big Ben – 화이트홀Whitehall – 트라팔가 광장Trafalgar Square – 구지 스트리트Goodge Street – 캠던 타운Camden Town – 햄스테드 히스Hampstead Heath

11번 노선 주요 볼거리

거킨 타워The Gherkin – 뱅크Bank – 세인트 폴 대성당St. Paul's Cathedral – 플릿 스트리트Fleet Street – 트라팔가 광장Trafalgar Square – 화이트홀Whitehall – 웨스트민스터 대성당Westminster Abbey & 국회의사당Houses of Parliament & 빅벤Big Ben – 슬론 스퀘어Sloane Square & 킹스 로드King's Road

헤리티지 루트 마스터Heritage Routemaster

제2차 세계대전 직후 등장한 런던의 더블 데커는 시대의 흐름에 따라 꾸준히 새로운 디자인을 선보이고 있다.
1956년에 등장해 2005년까지 운행했던 빈티지 디자인의 더블 데커 중 9번과 15번 노선은 현재까지도 그 노선
그대로 운행했는데, 아쉽게도 9번 버스는 2014년 7월 이후 운행을 중단한다. 15번 버스는 향후 몇 년 간 운행
을 계속할 예정이라고 한다.
– 오이스터 카드 사용 가능, 1층에서는 정차 버튼 대신 줄을 당겨야 함.

15번 노선 주요 볼거리

트라팔가 광장Trafalgar Square – 플릿 스트리트Fleet Street – 세인트 폴 대성당St. Paul's Cathedral – 맨션 하우스
Mansion House – 대화재 기념탑The Monument – 런던 탑Tower of London
* 15분 간격으로 운행하며 런던 탑 근처의 타워 힐에서 출발하는 버스의 운행 시간은 9시 37분부터 18시 37분까
지, 트라팔가 광장에서 출발하는 버스의 운행 시간은 9시 48분부터 18시 33분까지다.

템스 강 위를 달리는 수상 버스River Routes 타고 강변 뷰 즐기기 

템스 강 위를 달리는 수상 버스를 타고 런던의 근사한 강변 뷰를 감상해보자. 수상 버스는 공식 수상 버스인 리버 버스River Bus와 리버 투어River Tour가 있으며, 운행 루트와 탑승 가격이 조금씩 다르다. 리버 버스의 경우 트래블 카드 소지자와 오이스터 카드 이용자는 요금 할인을 받을 수 있다.

리버 투어는 각 루트별로 다른 크루즈 회사에서 운영하며 모두 웨스트민스터 선착장에서 출발한다. 테이트 브리튼 미술관Millbank Pier과 테이트 모던 미술관Bankside Pier 사이를 달리는 리버 버스의 RB2(Tate to Tate)와 웨스트민스터 선착장Westminster Pier과 세인트 캐서린스 선착장St. Katherine's Pier 사이를 달리는 크라운 리버 크루즈Crown River Cruise가 가장 인기 있는 루트다.

크라운 리버 크루즈Crown River Cruise

운행 시간 : 40분 간격으로 운행
- 이스트 바운드East Bound(서쪽에서 동쪽으로 이동하는 구간) 10:20~15:00
- 웨스트 바운드West Bound(동쪽에서 서쪽으로 이동하는 구간) 11:20~16:00

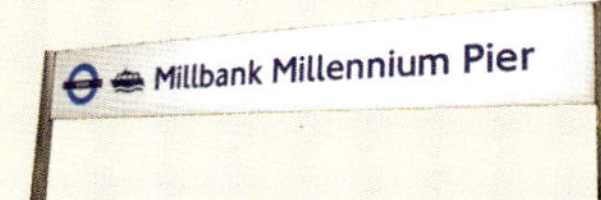

요금

	편도 (현금)	편도 (오이스터 카드)	*왕복 (현금)	*왕복 (오이스터 카드)	**편도 (한 구간 사이만 탑승 시)
성인	9.75£	6.50£	13£	8.67£	3.00£
어린이	4.88£	3.26£	6.50£	3.34£	1.50£
60세 이상	6.83£	해당 없음	9.10£	해당 없음	1.50£
패밀리 (성인 2&어린이 3)	28.50£	해당 없음	36.90£	해당 없음	해당 없음

* 왕복 이용 시 하루 종일 어느 선착장에서나 자유롭게 승·하차가 가능하다.
** 한 구간 사이만 탑승하는 편도는 웨스트민스터 선착장에서 동쪽으로 이동하는 구간만 탑승 가능하다.

HOMEPAGE www.crownrivercruise.co.uk

리버 버스RB2 테이트 투 테이트Tate to Tate

운행 시간 : 40분 간격으로 운행
- 이스트 바운드East Bound(서쪽에서 동쪽으로 이동하는 구간) 주중 10:30~16:27, 주말 9:40~18:27
- 웨스트 바운드West Bound(동쪽에서 서쪽으로 이동하는 구간) 주중 9:57~16:44, 주말 9:17~18:43

요금

	편도 (현금)	편도 (오이스터 카드)	왕복 (현금)	왕복 (오이스터 카드)
성인	6.80£	6.12£	12.00£	10.80£
학생	6.80£	4.50£	12.00£	8.00£
어린이 5~15세 (5세 미만 무료)	3.40£	2.25£	6.00£	4.00£

HOMEPAGE www.thamesclippers.com

시티 리버 크루즈City River Cruise

오이스터 카드 할인은 되지 않지만 배 위에서 즐기는 애프터눈 티Tea Cruise(일 인당 22£)나 2코스 런치, 디너 재즈 콘서트 등 특별한 상품이 많다. 단, 홈페이지에서 미리 예약한 후 확인증을 프린트해 가야 한다.

HOMEPAGE www.citycruises.com

세계에서 가장 오래된 런던의 지하철

지하철Underground

세계 최초의 지하철은 산업혁명의 나라 영국에서 등장했다. 지하 터널을 통과하는 런던 지하철의 정식 명칭은 '언더그라운드Underground'지만 둥근 형태 때문에 생긴 별명인 튜브Tube로 더 자주 불린다. 미국에서 지하철을 의미하는 서브웨이Subway는 영국에서는 지하도라는 의미로 쓰인다. 1863년 패딩턴Paddington역과 파링던Farringdon역 사이를 달리는 지하철 구간이 최초로 개통된 후 현재 15개의 노선과 3백여 개의 지하철역이 개통되어 런던 전역을 편리하게 연결해주고 있다.

오버그라운드Overground

2007년에 개통하여 주로 런던의 북동쪽과 북남쪽 지역을 연결하는 새로운 교통수단으로 지상 위로 달린다. 현재 6개의 노선과 83개의 역이 개통되어 있다. 자동문인 지하철과 달리 승하차 시 버튼을 눌러야 문이 열리며, 개찰구 없이 오이스터 카드 터치판만 세워져 있어 깜빡하고 그냥 지나치면 의도치 않게 무임승차하게 되는 수가 있으니 주의해야 한다.

경전철DLR: Docklands Light Railway

런던 북동쪽의 재개발된 신도시 도크랜즈 지역을 달리는 경전철로 주로 런던의 2~4존 사이를 달린다. 런던 최초의 자동화된 무인 전철로 자동으로 움직이는 모습이 마치 놀이공원의 모노레일 같은 느낌을 준다.

요금 런던은 1~6존까지 구역이 나눠져 있으며, 대부분의 관광지는 중심인 1~2존에 모여 있다. 지하철과 오버그라운드, DLR의 탑승 요금은 모두 동일하며, 지하철 1일 이용권으로는 버스와 트램도 모두 이용 가능하다.

		1존	1~2존
현금		4.70£	4.70£
오이스터 카드	피크 타임	2.20£	2.80£
	오프 피크 타임	2.20£	2.20£
	피크 타임 1일 이용권	8.40£	8.40£
	오프 피크 타임 1일 이용권	7£	7£
트래블 카드	1일 이용권	9£	9£
	오프 피크타임 1일 이용권	8.90£	8.90£
	7일권	31.40£	31.40£
	1개월권	120.60£	120.60£

피크 타임 Peak Time
월~금 6:30~9:30 &
16:00~19:00의 출퇴근 시간

오프 피크 타임 Off Peak Time
피크 타임 외의 시간

공공 자전거를 타고 평화로운 공원 달리기 

2010년 런던에 등장한 공공 자전거는 일상화된 북유럽의 자전거 문화를 런던에 보급하고자 했던 보리스 존슨 시장의 이름을 따 일명 '보리스 자전거'라는 애칭으로 불리며, 바클레이스Barclays 은행의 후원을 받아 '바클레이스 사이클Barclays Cycle'이라는 공식 이름을 갖고 있다.

런던에는 자전거 전용 도로와 자전거 전용 신호등이 설치되어 있고, 시내 570여 곳에 자전거 대여 도킹 장소가 있어 쉽게 자전거를 이용할 수 있다. 실제로 출퇴근 시간대에 자전거로 이동하는 런더너들을 자주 볼 수 있을 정도로 최근 런던에는 자전거 이용 인구가 늘어났지만 자전거 교통사고가 또 다른 이슈로 등장하고 있다.

자동차 옆을 달리는 자전거 도로는 다소 위험할 수도 있으니 안전하게 공원을 가로지르며 상쾌한 바람을 맞아보는 건 어떨까?

하이드 파크 자전거 루트

하이드 파크Hyde Park는 런던의 왕립공원 중 가장 아름답고 안전한 자전거 루트가 조성되어 있다. 자전거를 타고 백조들이 둥둥 떠 있는 호숫가를 달리거나 풀밭에 누워 피크닉을 즐기는 런더너들 사이를 달리며 여유로움을 만끽해보자.

요금 자전거 도킹 장소에 마련된 기계에 신용카드를 넣고 결제를 하면 사용 가능하다.
(현금이나 오이스터 카드는 사용 불가)

시간	요금
~30분	무료
30분~1시간	1£
1시간 30분	4£
2시간	6£
2시간 30분	10£

* 자전거 미반납 시 벌금 300£

01°

SIMPLY—

있는 그대로의 런던을 즐기는 방법

— ENJOY LONDON

늘 비가 내리는, 그래서
햇살의 소중함을 느낄 수 있는 **런 던**

어느덧 런던에서 맞는 세 번째 겨울이다.

보통의 겨울날처럼 비가 오는 우울한 날이면 그동안 조금씩 배운 홈베이킹을 핑계로 집 안에 고소한 버터 냄새를 풍기기도 하고, 따끈한 물에 향이 좋은 바디샴푸로 기분을 전환하기도 한다. 추운 겨울밤이 오면 차 한 잔으로 노곤한 몸과 마음을 쉬게 하는 노하우도 터득했고, 과감히 빗속을 헤치고 나가 미술관에서 센티멘털한 날을 즐길 줄 아는 여유도 제법 늘었다. 하지만 이런 생활의 지혜를 터득하는 데는 무려 3년이라는 시간이 걸렸다는 사실!

설레는 마음으로 런던에 도착했던 첫 날의 기억이 지금도 생생하다. 4년 동안의 뉴욕 생활을 접고 결혼과 동시에 신혼생활을 시작하게 될 이 도시는 과연 어떤 곳일까? 사전답사라도 하듯이 일주일 정도 런던에 머무르기로 했었다.

지난 4년간의 뉴욕 생활에 대한 아쉬움과 '앞으로 어떤 일들이 내 앞에 펼쳐질까?' 하는 설렘과 두려움이 머릿속에서 마구 뒤섞여 잠을 설친 다음 날, 그 해 여름 연일 38도를 넘어선 찜통 같은 뉴욕을 벗어나 일곱 시간을 날아서 드디어 유럽의 서쪽 끝 섬나라 영국의 수도에 도착했다. 멍한 상태에서 이 나라에 온 이유를 꼬치꼬치 묻는 까다로운 입국 심사를 마친 뒤 드디어 런던에 첫발을 내디뎠다.

공항에 내리면 제일 먼저 그 나라만의 독특한 기후와 냄새가 느껴진다고 했던가? 히드로 공항에 내렸을 때 처음 느꼈던 런던의 공기에는 왠지 모를 축축한 기운이 담겨 있었다. 7월 초인데도 긴팔을 입고 다니는 사람들이 심심치

않게 보일 정도로 꽤나 선선했던 여름은 뜨거운 햇빛이 내리쬐는 뉴욕의 강렬한 여름과는 분명히 다른 느낌이었다. 뉴욕의 햇빛이 마치 강한 형광등 같은 느낌이라면 런던의 그것은 마치 은은한 조명 같았다고나 할까?

사실 런던에 가기 전부터 내 주변에는 영국 날씨에 대해 겁을 잔뜩 주는 사람들이 많았다. 영국에서 유학했던 누나를 둔 남혁은 "우리 누나는 으슬으슬하고 우울한 영국 날씨를 못 이기고 결국 귀국했어요"라며 변덕스럽고 우중충한 영국 날씨에 대한 이야기를 늘어놓았다. 워낙 기대를 하지 않았던 탓일까? 웬일인지 런던에서 머물렀던 일주일 동안은 연일 쾌청한 날이 계속되었다. 그동안 들었던 이야기들이 괜한 엄살로만 여겨졌고, '그래, 여기도 사계절이 있는 곳인데 설마 날씨 따위가 그렇게 중요하겠어?'라는 생각이 들기 시작했다.

하지만 이곳에 정착하고 난 뒤 머지않아 영국 날씨는 그 본색을 제대로 드러내기 시작했다. 어느 날은 집 근처 레스토랑에 식사를 하러 가는 길이었는데, 문밖으로 나갈 때까지만 해도 화창했던 하늘이 걸어 나가는 동안 조금 흐

려지는가 싶더니 이내 빗방울이 떨어지기 시작했다. 이 모든 게 5분 만에 일어난 일이었다. 얼른 집으로 돌아가 우산을 가지고 나와 보니 이게 웬일, 비가 그쳤다! 금방이라도 장대비를 쏟아낼 것만 같던 하늘은 언제 그랬냐는 듯 태연했다. 순간 뒤통수를 세게 얻어맞은 기분이었다. 그러고는 15분을 걸어 레스토랑 앞에 도착하기까지 비는 또다시 왔다 그치기를 한 차례 더 반복했다. 이런 변덕쟁이 같으니라고! 시도 때도 없이 마음이 바뀌는 변덕스러운 여인을 마주하는 기분이었다. 레스토랑에서 식사를 하는 도중에 창밖을 보니 하늘에는 또다시 먹구름이 잔뜩이다.

이렇게 하루에도 몇 번씩 심술을 부리며 오락가락하는 날씨가 바로 전형적인 영국 날씨다. 언제 또 그 변덕에 속아 넘어갈지 모르기에 언젠가부터 항상 가방 안에 작은 우산을 가지고 다니는 습관이 생겼다. 그런데 진짜 런더너들은 우산을 잘 쓰지 않는다. 이 정도는 대수롭지 않다는 듯 웬만한 비는 그냥 맞고 다닌다. 비가 오는 날 우산을 쓰는 사람은 대부분 관광객이라고 봐도 될 정도로 런더너들은 예측할 수 없는 이 날씨에 이미 너무도 익숙한 듯 태연한 모습이다.

일 년 중 삼분의 일은 맑고, 삼분의 일은 흐리고, 나머지 삼분의 일은 비가 내리는 우중충한 날이라고 해도 지나치지 않을 정도로 런던에서는 화창한 날을 만나기 쉽지 않다. 그래서인지 그동안 깨닫지 못한 맑은 하늘과 다정한 햇살의 소중함을 느끼게 된다. 화창한 날씨가 며칠 동안 계속되는 날에는 감사한 마음까지 들기도 한다.

그 해, 특히 가을과 겨울을 겪으며 나는 호된 신고식을 치렀다. 런던의 겨울은 오후 4시면 해가 지고 하늘이 어둑어둑해진다. 늦잠이라도 잔 날에는 늦은 점심을 먹고 나면 해 지는 하늘을 보며 한 일도 없이 하루를 다 보낸 것 같은 허탈감을 맛봐야 했다. 게다가 영국의 겨울은 따뜻한 실내복과 전기담요가 간절할 정도로 늘 으슬으슬하다. 서울의 매서운 겨울처럼 코끝이 시린 강추위는 없지만 스산하고 을씨년스럽다. 비라도 내리는 날이면 우울한 기분을 떨쳐낼 무언가가 너무도 절실해져서 런던에서 보낸 첫해에는 겨우내 초콜릿을 입에 달고 살았다.

문화인류학자 케이트 폭스는 그의 저서 《영국인 발견》에서 "영국인들에게 집은 견고한 성이고 정원은 천국이다"라고 표현하며, 싱그러운 풀빛과 꽃향기 가득한 정원은 차를 마시는 습관과 함께 우울한 영국 날씨로부터 탈출하는 일종의 비상구 같은 존재라고 설명한 바 있다. 어찌 보면 영국 사람만의 독특한 성향과 초라한 음식 문화, 우울한 듯 센티멘털한 음악이며 문화 모두 날씨 탓이 아닐까 하는 생각이 든다. 새삼 '날씨'가 이렇게 중요한 것이었나 싶다.

맑았던 여름날은 가고 이틀 전부터 비가 내리더니 조금씩 쌀쌀해지고 있다. 글을 쓰는 지금도 나는 또 날씨가 어떻게 바뀔까 걱정하며 창밖을 내다본다. 일상에서 벗어나 새로운 장소에서 한 달쯤 색다른 시간을 보내고픈 순간, 그중에서도 런던을 선택한 사람이라면 짐을 쌀 때 꼭 챙겨야 할 것이 있다. 바로 영국의 우울한 날들을 이겨낼 수 있는 긍정적인 마음과 이 날씨를 색다르게 즐길 자신만의 창의력이다!

런던의 **열두 달**

런던을 방문하기 좋은 계절

봄   3월~4월 초 ★
런던은 3월에도 쌀쌀한 편이다. 4월 즈음이 되어서야 땅을 헤치고 올라오는 새싹들이 봄 소식을 조금씩 알려온다.

4월 중순~5월 ★★★
본격적인 봄이 시작되는 시기다. 꽃들이 만발하여 가드닝이 발달한 영국의 아름다운 봄을 만끽하기에 제격이다.

여름   6월~8월 ★★★
일 년 중 맑은 날이 가장 많고, 밤 10시까지 해가 지지 않는다. 특히 6월 하순부터 7월 중순까지는 여름 세일 기간이어서 합리적인 가격으로 쇼핑을 즐기고 싶은 여행객들에게 가장 알맞은 시기다.

가을   9월~10월 ★★
선선한 날씨가 특징이지만, 봄여름에 비해 흐린 날이 많다.

겨울   11월~2월
해가 늦게 뜨고 오후 4시면 어둑어둑해진다. 날씨도 을씨년스럽고 낮이 짧아 여행하기에 적합하지 않다. 하지만 겨울 세일 기간이 있으니 쇼핑을 하고 싶은 사람이라면 고려해봐도 좋다.

영국은 유럽 대륙 서해안에 나타나는 전형적인 서안해양성 기후로 여름에는 선선하고 겨울에는 온난하다. 영국의 남쪽에 위치한 런던은 한여름의 평균 온도가 18도이고, 한겨울에도 영하까지 내려가는 날이 많지 않아 우리나라의 무더운 여름이나 매서운 겨울과는 거리가 멀다. 하지만 "하루에 사계절을 겪을 수 있다"는 영국 속담처럼 하루에도 몇 번씩 흐렸다가 맑았다가, 비가 왔다가 그쳤다가를 반복하는 변덕스러운 날이 많다. 일교차가 큰 편이라 여름에도 아침저녁으로 가벼운 겉옷을 준비하는 것이 좋다.

영국의 날씨 정보
www.bbc.co.uk/weather(앱 다운로드 가능)
가장 공신력 있는 영국의 날씨 정보를 얻을 수 있는 곳. 지역별, 시간대별로 상세한 날씨 정보를 확인할 수 있다.

런던의 크리스마스

12월이면 런던은 리젠트 스트리트와 옥스퍼드 스트리트 등 도심 곳곳에 화려한 크리스마스 조명이 설치되어 본격적인 크리스마스 분위기로 변신한다. 트라팔가 광장에는 제2차 세계대전 당시 영국 원조어 대한 보답의 표시로 노르웨이에서 1947년부터 해마다 보내는 대형 크리스마스트리가 설치된다. 12월의 첫 번째 목요일에 트리 점등식이 있으며, 이때 광장은 수많은 사람들로 붐빈다.

하지만 크리스마스이브와 크리스마스 당일은 대부분의 상점들과 박물관이 문을 닫고 지하철이나 버스 등 대중교통도 운행을 멈춰 도시 전체가 썰렁해진다. 이 시기에 런던을 방문하면 매우 쓸쓸한 크리스마스를 맞이하게 될 것이다. 하지만 크리스마스 다음 날인 박싱데이Boxing Day부터 1월까지는 모든 상점들이 대대적인 세일에 들어가므로 쇼핑객들에게는 천국 같은 시기이다.

런던의 세일 기간

영국에는 일 년 중 두 번의 큰 세일 기간이 있다. 6월 하순부터 7월 중순까지 열리는 여름 세일과 크리스마스 직후인 12월 26일 박싱데이를 시작으로 1월까지 이어지는 겨울 세일이다. 여름 세일보다는 겨울 세일의 규모가 더 큰 편이므로 쇼핑이 목적이라면 겨울 세일 기간에 방문하는 것을 추천한다. 다만 인기 상품과 인기 사이즈는 일찌감치 다 팔려버리므로 세일 시작 날짜에 맞춰 여행 계획을 세우는 것이 좋다.

도심 속에도 한 뼘 거리
어디에나 **자 연 은 있 다**

하지만 한편으로는 무엇 하나 익숙한 것이 없어 사소한 것까지 새롭게 익혀야 하는 불편함도 있다. 동전을 쓰는 방법부터 길 건너는 법, 버스 타는 법, 외출했다가 집으로 돌아오는 길까지 하나씩 익히다 보면 왠지 아이가 된 듯한 묘한 기분이 든다. 런던 생활 초기에는 집에서 조금만 걸어 나가도 말로만 듣던 템스 강이 눈앞에 흐르고 2층 버스가 다니는 모습에 신이 나기도 했지만, 막상 지도를 펼쳐 들면 내가 지금 있는 곳이 어딘지조차 파악하지 못하는 난감한 상황이 자주 펼쳐졌다. '나는 누구?' '여기는 어디?' 이 혼란에서 벗어나기 위해 얼른 이 도시와 친해져야겠다고 마음먹었다.

처음 몇 달 동안은 하루가 멀다 하고 혼자 씩씩하게 이곳저곳을 돌아다녔다. 하지만 하필 가을의 끝자락에 런던에 온 터라 도시는 금세 겨울을 맞이했고, 을씨년스러운 날씨에 해도 금방 저둘어버리는 탓에 야외보다는 박물관이나 미술관처럼 주로 실내에서 즐길 수 있는 장소들만 찾아다녔다. 그때까지 내 눈에 비친 런던은 분명 고풍스럽고 멋진 도시였지만 왠지 모든 것이 움츠러들어 있는 듯 생기 없어 보여 그다지 흥미가 일지 않았다.

하지만 유난히 길게만 느껴졌던 겨울도 서서히 물러나고 화창한 봄이 오자 도시는 그동안 수줍게 감추고 있던 상큼 발랄한 매력을 하나둘 발산하기 시작했다. 따뜻한 햇살이 가득한 공원들은 푸른빛을 되찾았고, 여기저기서 꽃망울을 터트리는 아름다운 꽃들로 드시는 너무도 화사하게 변했다. 마치 늘 시무룩한 표정을 짓던 소녀가 어여쁘게 단장을 하고 밝게 웃으니 그동안 몰랐던 매력이 확 느껴지는 모습이랄까?

런던이 낯선 나만 이런 매력에 들뜬 것은 아닌 듯하다. 이런 계절의 변화에 익숙할 법한 런더너들도 저마다 볕이 좋은 날은 모두 신이 나 밖으로 뛰쳐나온다. 푸른 잔디가 있는 곳이면 어디든 누워서 낮잠을 자거나 책을 보며 휴식을 취하는 사람들, 푸른 공원을 여유롭게 산책하는 노인, 유모차를 끌고 콧바람을 쐬러 나온 아이와 엄마 모두 화창한 봄날을 만끽하고 있다.

런던은 참 푸르른 도시다. 물가도 비싸고 일 년 중 하늘이 맑은 날도 많지 않지만 이곳에서 아쉬움 없이 누릴 수 있는 것 중 하나는 바로 도심 속 푸른 공원이다. 런던은 세계의 대도시 중에서 가장 공원이 많은 도시, 즉 도심 속 녹지 면적이 가장 넓은 도시다. 마음만 먹으면 언제든지 싱그러운 자연을 만날 수 있는 드넓은 파크Park를 비롯하여 도심 곳곳의 가든Garden이나 스퀘어Square 등 작은 공원들은 런더너들의 소중한 휴식처가 되어준다.

초록이 주는 치유력은 대단하다. 런던으로 출장을 다녀온 지인이 어려운 미팅을 끝낸 후 긴장이 풀려 잔뜩 피로감이 밀려왔을 때 공원을 10분 정도 걷다 보니 기분이 맑아졌다며 서울에도 이런 공원이 많았으면 좋겠다는 이야기를 했던 기억이 난다. 생각해보니 나도 뉴욕에서 생활하던 중에 우울한 일로 기분이 엉망일 때, 센트럴파크의 잔디광장에 앉아 생각을 정리하다 보면 마음이 차분해지며 평화로워지곤 했다.

어느 공원이나 푸르른 모습은 마찬가지겠지만, 런던의 공원이 더욱 특별하게 느껴지는 까닭은 사람과 동물이 함께 쉴 수 있는 평화로움 때문이다. 한번은 세인트 제임스 파크St. James's Park를 걷다가 호숫가에서 산책길을 점령한 이름모를 온갖 새들을 마주친 적이 있다. 덩치도 크고 낯설게 생긴 새가 너무 가까이 다가오는 바람에 깜짝 놀라 길 옆으로 도망쳐버렸는데, 주변을 둘러보니 사람들이 새를 쫓기는커녕 오히려 그들에게 길을 내주며 비켜 가고 있었다. 나중에

알고 보니 그 새는 펠리컨이었다. 세인트 제임스 파크는 현재 야생조류 보호 구역으로 지정되어 거위와 오리 등 15종의 물새를 비롯한 다양한 조류가 서식하고 있다고 한다. 생각해보면 그들의 거주지에 사람들이 잠깐 지나가는 것이니 우리가 그들을 피해 가는 것이 당연한 매너일지도 모르겠다. 런던의 다른 공원에서도 잔디밭에 앉아 쉬고 있는 사람 곁에 동물이 다가가는 모습을 쉽게 목격할 수 있다. 동물들은 사람을 봐도 겁내며 도망가지 않고, 마찬가지로 런더너들도 동물들과 같이 어울려 휴식을 즐기는 모습이 한없이 평화로워 보인다.

런던 남부에 위치한 리치먼드 파크_{Richmond Park}는 헨리 8세를 비롯한 여러 왕들의 사냥터로 쓰였던 곳으로, 그곳에서는 바로 눈앞에서 사슴들이 자유롭게 뛰어다니는 모습을 볼 수 있을 정도다. 도심 속에 사슴이 뛰노는 공원이 있다니…. 게다가 공원의 면적도 아주 넓어서 걷기보다는 차를 타거나 자전거를 타고 다녀야 한다. 경제 논리로만 따지면 아파트 몇 채를 짓고도 남을 면

적을 시민들의 휴식 공간을 위해 과감히 투자할 수 있는 그들의 여유로운 사고가 부럽게만 느껴진다.

　한국에 있을 때 런던에서 10년 넘게 살다가 귀국한 분을 만난 적이 있다. 바쁜 서울 생활에 적응하면서도 심하게 런던앓이를 하고 있던 그에게 런던의 어떤 점이 그렇게 그리운지 물었다. "물가도 비싸고 날씨도 심술궂지만 그들의 여유로운 삶과 일상이 너무도 그립다"라는 추상적인 대답이 당시에는 잘 이해가 되지 않았다. 그런데 오늘 런던의 공원을 밟다 보니 그가 그토록 그리워하던 런던의 여유로운 삶과 일상이란 '언제든지 도시의 혼잡을 피해 휴식을 취할 수 있는 수많은 공원과 동물의 휴식까지도 보호할 줄 아는 여유 그리고 평화로움을 말하는 것이 아니었을까?'라는 생각이 든다. 그러자 문득 지금 이 순간의 평화로움이 더욱 소중하게 느껴진다.

런던의 **공원**

런던 여행 후기 중에 많은 사람들이 런던에서 가장 가지고 오고 싶었던 것 중 한 가지가 바로 '공원'이었다고 할 정도로 런던의 공원은 인상적이다. 세계에서 가장 앞선 생태공원 문화를 가진 런던에는 현재 왕실이 소유하고 있는 여덟 개의 왕립공원Royal Park이 있다. 이곳은 본래 왕족들의 정원이나 사냥터로 조성되었던 곳인데 일반인들에게 개방되면서 오늘날의 공원의 모습을 갖추게 되었다고 한다.

잔디 위에 놓인 야외 의자인 데크 체어Deck Chairs는 유료이니 함부로 앉지 말자. 그 외 공원 벤치들은 대부분 영국인들이 기증한 것이라고 하니, 무심코 앉은 벤치에서 누군가의 추억이 담긴 아름다운 문구를 발견하는 잔잔한 기쁨도 누려보길 바란다.

런던 왕립공원 정보
www.royalparks.org.uk

접근성이 좋은 도심 속 공원

세인트 제임스 파크 St. James's Park
- MAP 93p

버킹엄 궁전을 등지고 서면 퀸 빅토리아 메모리얼 분수를 중심으로 왼쪽에는 그린 파크, 오른쪽에는 세인트 제임스 파크가 있다. 세인트 제임스 파크는 런던에서 가장 오랜 역사를 지닌 왕립공원으로, 왕실의 정원으로 쓰이다가 17세기에 일반인에게 공개되면서 공원이 되었다. 호수 중간에 위치한 파란 다리Blue Bridge에서 보이는 호스 가즈, 화이트홀, 런던아이, 버킹엄 궁전의 끝자락이 마치 동화 속 한 장면 같은 풍경을 자랑한다. 호숫가를 걷다가 펠리컨을 만나도 놀라지 말 것!

St. James's park

하이드 파크 Hyde Park

- MAP 145p

그린 파크, 세인트 제임스 파크와 더불어 런던의 3대 공원 중 하나인 하이드 파크는 140만㎡에 달하는 드넓은 공원이다. 걷다 보면 자칫 길을 잃기 쉽고 일부만 걸어도 지칠 정도이니 지도를 보고 이동하는 편이 좋다. 특히 호숫가에 위치한, 유리 벽으로 둘러싸인 카페에 앉아 호수 위를 유유히 떠다니는 백조 무리와 보트를 타는 사람들을 구경하며 휴식을 즐기기에 좋다. 여름철에는 BBC에서 주최하는 영국의 대표적인 음악 축제 'BBC 프롬스BBC Proms In The Park'가 공원에서 열리고, 겨울에는 '윈터 원더랜드Winter Wonderland'라는 크리스마켓이 열려 런더너들의 휴식처이자 훌륭한 관광지 및 공연장으로 주목받고 있다.

남쪽 게이트 ⊖ *Knightsbridge*
동쪽 게이트 ⊖ *Hyde Park*
북쪽 게이트 ⊖ *Marble Arch*

서펜타인 바 앤 키친 The Serpentine Bar & Kitchen
호숫가에 위치한 카페. 공원에서 산책 후 브런치를 즐기기 좋다.
TIME 월~금 8:00~19:00, 토~일 8:00~20:00
(브런치–월~금 8:00~11:45, 토~일 8:00~11:30)
COST 메인 디시 10£ 내외

켄싱턴 가든스 Kensington Gardens

- MAP 145p

서펜타인 호수를 기준으로 동쪽에는 하이드 파크가, 서쪽에는 켄싱턴 가든스가 자리 잡고 있다. 공원 안에는 다이애나비의 마지막 거처였고, 현재는 윌리엄 왕가족이 살고 있는 켄싱턴 팰리스가 있어 왕실과 연관이 깊은 곳이다. 공원 내에 있는 서펜타인 갤러리에서는 매년 6~10월경 유명 건축가들이 참여하는 실외 공간 프로젝트 '서펜타인 갤러리 파빌리온'을 무료로 즐길 수 있다.

서쪽 게이트 ⊖ *High Street Kensington*
북쪽 게이트 ⊖ *Queensway* ⊖ *Lancaster Gate*

오린저리 The Orangery
켄싱턴 가든스 내에 위치한 오린저리는 한때 앤 여왕이 파티를 열었던 별채로, 현재는 티룸과 레스토랑으로 이용되고 있다. 따뜻한 햇살이 들어오는 클래식한 화이트 톤 티룸으로 애프터눈 티가 매우 유명하다.

⊖ *Queensway*
TIME 월~일 10:00~17:00
(애프터눈 티 14:00~17:00)
COST 음료 3£ 내외, 애프터눈 티 24£

리젠트 파크 The Regent's Park

- MAP 153p

리젠트 파크는 동물원과 대학교, 놀이터, 야외 스포츠 시설, 보트를 탈 수 있는 호수와 크고 작은 여러 정원들로 볼거리가 다양한 드넓은 공원이다. 특히 가장 유명한 퀸 메리 가든Queen Mary's Garden은 5~6월에 방문하면 80여 종에 이르는 1만 2천 송이의 장미(잉글랜드의 국화)가 만발해 우아한 영국식 정원의 절정을 감상할 수 있다. 5월~9월에는 숲 속 야외 공연장에서 오페라, 콘서트, 코미디, 영화 이벤트 등 다양한 공연이 열려 한여름 밤 공원의 낭만을 더한다.

🚇 *Regent's Park* 🚇 *Baker street*
🚇 *Great Portland Street*

홀랜드 파크 Holland Park

- MAP 145p

여행자들에게는 많이 알려져 있지 않지만 런던에서 가장 낭만적이고 평화로운 공원 중 하나로 손꼽힌다. 19세기에 상류층 사교계의 중심지였던 홀랜드 백작의 사택과 정원이 보호건축물로 지정되어 현재 공원으로 개방되었다. 노팅힐에서 걸어서 10분 정도 거리에 있어, 북적거리는 포토벨로 마켓을 구경한 후 여유롭게 휴식을 취하기에 좋다. 제2차 세계대전 당시 폭격을 당해 현재 일부만 남아 있는 엘리자베스 시대 건축풍의 홀랜드 하우스와 잘 가꾸어진 앞마당, 일본식 정원인 교토 가든이 특히 인상적이다.

🚇 *High Street Kensington*

포스트맨스 파크 Postman's Park

- MAP 110p

바쁜 도심 속에 숨은 듯이 자리한, 천사들이 잠든 작은 공원. 공원 벽에는 다른 사람을 구하다 목숨을 잃은 사람들의 이름과 그들의 사연 그리고 사망일이 빼곡히 적혀 있다.

영화 〈클로저Closer〉에서 우연한 사고로 길에서 만나 사랑에 빠지지만 헤어지는 순간까지 결국 서로에게 낯선 사람이었던 남녀(주드 로와 내털리 포트먼)가 처음으로 데이트하는 장소로 등장했다. 내털리 포트먼은 주드 로와 사귀는 내내 '앨리스'라는 가짜 이름을 썼는데, 앨리스는 내털리 포트먼이 포스트맨스 파크 벽에서 발견한 이름이었다. 실제로 이 공원의 벽에서 앨리스라는 이름과 그녀의 사연을 찾을 수 있다.

 St. Paul's Barbican

주빌리 가든 Jubilee Garden

- MAP 110p

엘리자베스 2세 여왕이 즉위한 지 25주년 되던 해인 실버 주빌리를 기념하기 위해 조성된 공원으로, 런던아이 바로 뒤에 위치해 있어 템스 강 너머 빅벤과 국회의사당, 런던아이 등 런던의 대표적인 풍경을 감상하기 좋은 곳이다. 공원 안쪽에는 나무르 만들어진 자연 친화적인 놀이터도 있어 아이와 함께 가기에도 좋다.

 Waterloo

런던에서 가장 친해지기 쉬운
친구, **미 술 관**

입고 있으면 왠지 기분 좋은 일이 생길 것만 같은 색이 고운 스웨터를 착한 가격에 구입해 뿌듯했지만 사이즈가 살짝 커서 아쉬웠다. 게으르게도 며칠째 교환을 미루다가 드디어 오늘 큰 맘 먹고 코벤트 가든으로 나섰다. 가게에 들러 꼭 맞는 사이즈로 교환하고 나니 사소한 일이지만 마치 세상을 다 가진 듯한 기분이다. 나머지 오후는 뭘 하며 완벽한 하루를 보내볼까?

누군가를 불러 차를 한잔하기에도 애매한 시간, 혼자 카페 창가에 앉아 시나몬을 톡톡 뿌린 카푸치노를 마시며 고민에 잠긴다. 상점들과 백화점의 연말부터 이어진 폭탄세일을 정신 없이 구경하고 난 뒤면 언제나 찾아오는 알 수 없는 허무함은 피하고 싶다. 올해의 첫 주에는 평소와는 뭔가 다른 여유롭고 기분 좋은 일을 하고 싶다. 오늘처럼 보슬보슬 촉촉한 비가 내리는 오후라면 말이다. 오랜 고민 끝에 결론을 내렸다. '그래, 미술관에 가자!'

대영박물관, 국립미술관, 국립 초상화 미술관, 사진박물관을 비롯하여 영국의 유명 건축가인 존 손 경Sir. John Soane이 세계 각지에서 모은 수집품을 전시해놓은 그의 자택이기도 한 박물관까지… 어디를 갈까 고민해야 할 정도로 마침 이 근처에는 박물관과 미술관이 많다.

여기서 반가운 사실 하나! 영국의 박물관은 대부분이 무료라 일반인들도 부담 없이 문화 혜택을 누릴 수 있다. 아마 세계의 어느 도시도 런던처럼 대부분의 박물관과 미술관이 무료인 곳은 흔치 않을 것이다. 파리의 루브르 박물관, 오르세 미술관 등의 입장료는 10유로가 넘고, 뉴욕의 메트로폴리탄 뮤지엄의 입장료 역시 20달러가 넘는 것을 생각해보면 대부분 무료인 영국의 미

[있는 그대로의 런던을 즐기는 방법]

술관들은 비싼 물가에 허덕이는 영국인들에게 가뭄의 단비 같은 존재다.

어느 미술관으로 갈까 고민하던 중 런던의 수많은 미술관 중 드물게도 유료인 코톨드 갤러리Courtauld Gallery가 떠올랐다. 코톨드 갤러리는 평일에는 유료지만 월요일 하루만 무료로 개방하는데, 오늘이 바로 월요일인 데다가 마침 딱 그 근처다. 사랑스러운 스웨터가 든 쇼핑백을 한 손에 들고 비에 젖어 촉촉해진 돌길을 따라 미술관으로 향하는 발걸음이 유난히 상쾌하다.

근사한 귀족의 대저택을 연상시키는 서머싯 하우스Somerset House의 멋진 아치형 입구를 지나 미술관으로 들어가려고 하는데 갑자기 직원이 앞을 가로막고 서더니 티켓을 구입하라고 한다. 나는 당황한 표정으로 물었다.

"월요일은 무료 입장 아닌가요?"

"전에는 그랬지만 이제는 아니랍니다. 바뀐 규정에 따라 평일에는 6파운드, 월요일에만 3파운드입니다."

잠시 마음속으로 '무료 입장이 가능한 다른 곳들을 놔두고 굳이 여기에 들어가야 할까' 고민했다.

"네, 한 장 주세요."

"자, 여기 티켓입니다. 사진은 마음껏 찍으셔도 됩니다. 플래시만 터트리지 마세요."

좁고 구불구불한 계단을 따라 올라가니 고요한 전시실 안에서 여유롭게 그림을 감상하는 사람들의 모습이 가장 먼저 눈에 들어온다. 이곳은 총 3층으로 구성된 미술관으로, 런던의 수많은 박물관과 미술관에 비하면 규모는 작은 편이다. 하지만 사람들로 북적거리는 드넓은 미술관을 대충 훑고 가는 것보다 천천히 그림을 감상하며 여유로운 시간을 가지고 싶은 오늘같은 때 딱 적당하고 아늑한 크기다.

미술관에서는 그림뿐만 아니라 그림을 감상하는 사람들의 모습을 구경하는 재미도 쏠쏠하다. 전시실 가운데에 있는 긴 의자에 앉아 그림을 감상하는 노부부의 뒷모습에서는 낭만이 느껴지고, 스타일만 봐도 센스가 보통이 아닌 듯한 젊은 남자의 뒷모습이 멋스러워 보인다.

많은 미술관들이 그림에 가까이 다가가지 못하게 하려고 줄을 쳐놓거나 사진 촬영조차 금지하는 것에 비해 이곳에서는 돋보기를 들고 그림 바로 앞에서 자세히 붓 터치를 살피며 감상하는 할아버지나 마음에 드는 작품을 핸드폰으로 찍는 사람들 모두 자유분방해 보인다. 이곳의 작품들은 세계적으로 수준 높은 명작이지만 보는 이를 주눅 들게 하지 않고, 작품에 편하게 다가가게 해주는 모습이 무엇보다 좋다.

한 층 더 올라가니 안내 책자에 이 미술관의 대표작이라고 설명되어 있는 마네의 〈폴리 베르제르의 술집A Bar at the Folies-Bergere〉과 고흐의 〈귀에 붕대를 감은 자화상Self-Portrait with Bandaged Ear〉이 전시된 방이 나온다. 이런 세계적인 명작을 아무 때나 와서 볼 수 있는 곳에 살고 있다니 '예술과 문화의 도시 런던'이라는 거창한 수식어가 딱 어울린다는 생각이 든다.

〈귀에 붕대를 감은 자화상〉 곁으로 가니 내 또래로 보이는 금발 여인이 무슨 생각을 그리 골똘히 하는지 한참 동안 그 앞을 떠나지 못하고 서 있다. 우연히 서로 눈이 마주치자 가볍게 눈인사를 한 뒤 나도 그녀 옆에서 한참을 들여다보았다. 예술에 조예가 깊지 않은 내 눈에는 그저 정신병을 앓던 화가가 귀를 자른 유명한 작품으로밖에 보이지 않는데, 국적과 머리색, 피부색, 살아온 환경도 다른 우리는 같은 것을 보고 있지만 각자 다르게 느끼고 있겠지?

명작에 담긴 예술적 기법이나 미술사적인 가치 등 전문적인 배경지식이

없더라도 그저 마음으로 그림을 바라보고, 느낀 그대로 개인적인 경험을 투영시켜 해석할 수 있으면 된다고 말해주던 언니가 생각난다. 미대를 졸업한 그녀는 처음으로 루브르 박물관에 갔던 날 세계적인 명작들을 보고 난 뒤 왠지 모르게 우울함이 밀려왔다고 했다. 그동안 세계적인 명작들을 '공부'하느라 바빠서 진짜 그 명작을 보러 왔는데도 감동이 느껴지기 전에 이미 알고 있는 지식들이 먼저 떠오르고, 그 방식 그대로 그림을 보고 있는 자신을 발견했기 때문이었다. 그녀는 그림을 있는 그대로 느끼고 감상할 수 없어 슬펐다며 오히려 백지 같은 내가 부럽다고 했다. 하나하나 놓고 보면 분명 모두 다 아름다운 시인데, 국어 시간에 열심히 분석하고 암기하면서 교과서 여백에 적어 내려간 빽빽한 필기에 시의 매력도 함께 묻히는 것 같은 기분이 그럴까?

이곳의 또 다른 대표작인 마네의 〈폴리 베르제르의 술집〉은 누구나 한번쯤 봤을 만한 익숙한 그림이다. 그런데 그림을 실제로 보니 사진으로 보던 것과 매우 다르게 느껴진다. 그림 속 여인의 눈빛이 어찌나 슬퍼 보이는지 어깨를 토닥이며 힘내라고 말해주고 싶은 기분이 절로 든다. 그녀의 등 뒤로 거울에 비친 방 안을 가득 메운 사람들의 모습과 대조되어 지치고 우울해 보이는

그녀는 어떤 고민에 쌓여 있는 것일까? 가끔 뜻대로 되는 일이 하나도 없어 스스로 작아지는 기분에 나 자신이 너무도 싫은 날, 하필 주변에는 다들 아무 문제없다는 듯 웃고 떠들며 신이 난 사람들만 가득해 홀로 외로움을 느끼던 내 모습을 보는 것 같다. 왠지 앞으로 우울하거나 지치는 일이 생기면 이 여인이 생각나서 그녀를 만나러 이곳에 다시 오고 싶을 듯하다.

발걸음을 옮겨 18세기 작품들이 모여 있는 방으로 들어갔다. 방 안은 귀족들이 사용했던 화려한 은식기와 초상화들로 가득하다. 위풍당당하게 서 있는, 사회적 지위가 높고 재력이 있어 보이는 귀족과 화려한 옷을 입은 귀부인의 커다란 초상화가 신기하기도 하지만 과거 화가들에게 초상화는 '빵과 같은 존재'였다는 설명이 왠지 마음 깊이 와 닿는다. 본인의 예술적 재능을 마음껏 표현하고 싶은 꿈 많은 화가들도 경제적 여건이나 현실적 상황과 타협해야 할 순간들이 분명히 있었을 것이다. 이 그림들이 그들의 생계 수단이 되었다는 점을 알고 나니 초상화가 달리 보이기 시작한다.

미술책에서 그림을 보고, 작품의 제목과 화가의 이름을 외우고, 그에 얽힌 역사를 암기하는 것과 이렇게 실제로 그림을 직접 보는 것은 큰 차이가 있음을 느꼈다. 그리고 붓과 물감이라는 단순한 도구로 사람의 마음을 움직이게 하는 재주를 가진 그들이 실로 대단하게 느껴졌다. 단돈 3파운드 때문에 미술관 입구에서 잠시 망설였던 건 그새 다 잊어버리고 지금 이 순간, 커피 한 잔 값으로 커피보다 더 깊은 향기로움을 누리고 있다.

여행을 가면 그곳의 박물관이나 공연을 보러 가기보다는 그저 거리를 걷고, 맛있는 것을 먹고, 쇼핑하는 것을 좋아하는 내게 어느 날 런던에 놀러 온 친구가 물었다. 뮤지컬의 본고장이자 수준 높은 오페라와 발레 공연을 볼 수 있는 세계적인 오페라 하우스와 5대 오케스트라가 상주하며, 디자인, 미술, 영화의 중심지인 예술과 문화의 도시에 살면서 왜 이런 혜택을 맘껏 누리지 않고 있느냐고. 큰돈 들이지 않아도 조금만 마음의 여유를 갖으면 누구나 풍족한 문화 생활이 가능한 이곳의 장점을 지금부터 충분히 이용해야겠다고 마음먹으며 미술관을 나섰다.

코톨드 갤러리 The Courtauld Gallery

- MAP 127p

ADD 🚇 *Temple* Somerset House, Strand, London WC2R ORN

TEL +44-20-7872-0220

TIME 월~일 10:00~18:00

COST 화~일 성인 6£(월요일은 3£), 18세 미단 및 학생(학생증 소지자) 무료

HOMEPAGE www.courtauld.ac.uk

런던의 미술관

반나절 안에 둘러보기 좋은
도심 속 무료 미술관

사치 갤러리 Saatchi Gallery

- MAP 145p

예술적 조예가 깊지 않은 일반인들에게도 흥미로운 현대미술작품들이 가득해 개인적으로 가장 좋아하는 미술관이다. 유명 광고 회사 '사치 앤 사치'의 경영자이기도 한 미술품 수집가 찰스 사치Charles Saatchi가 설립했으며, 그의 탁월한 안목과 마케팅 감각으로 예술 시장에서 큰 영향력을 행사하고 있다. 무명의 젊은 화가를 세계적인 스타로 발굴하고, 미술품의 상업적 활로를 개척하는 등 세계 미술 시장에 새로운 흐름을 불어넣었다고 평가 받는다.

ADD *Sloane Square* Duke of York's HQ, King's Road, London SW3 4RY
TEL +44-20-7811-3070
TIME 월~일 10:00~18:00
HOMEPAGE www.saatchigallery.com

월리스 컬렉션 The Wallace Collection

- MAP 126p

4대째 내려오던 허트포드Hertford 1800-1870 후작 집안의 소장품과 저택을 그의 후손이 국가에 고스란히 기증하여 현재 무료로 개방되고 있다. 총 25개의 전시실로 꾸며진 내부는 방마다 다른 색깔의 벽지와 화려한 인테리어로 꾸며져 마치 프랑스의 궁전에 와 있는 듯 황홀한 기분이 든다.

ADD *Bond Street* Hertford House, Manchester Square, London W1U 3BN
TEL +44-20-7563-9500
TIME 월~일 10:00~17:00
HOMEPAGE www.wallacecollection.org

서펜타인 갤러리 Serpentine Galleries

- MAP 145p

하이드 파크 안에 있는 서펜타인 호수 건너편게 위치
한 작고 고요한 갤러리로 수준 높은 건축과 현대미술
전시로 유명하다. 매년 여름 세계적인 건축가를 초청
하여 예술과 건축의 조화를 선보이는 파빌리온 전시
는 누구나 접근할 수 있는 야외 공간에서 펼쳐지는 하
이드 파크의 대표적인 여름 이벤트로 통한다. 최근에
는 서펜타인 호수 건너편에 서펜타인 새클러 갤러리
Serpentine Sackler Gallery가 추가로 들어섰는데, 동대
문 디자인 플라자의 설계자로 우리나라에서도 유명
한 건축가 자하 하디드가 디자인했다.

ADD 🚇 *South Kensington* Kensington Gardens,
London W2 3XA
TEL +44-20-7402-6075
TIME 화~일 10:00~18:00
HOMEPAGE www.serpentinegalleries.org

존 손 경 박물관 Sir John Soane's Museum

- MAP 127p

벽돌공의 아들로 태어나 영국왕립학회의 건축과 교
수가 되었고, 영국은행Bank of England 등의 주요 건물
들을 설계하며 건축가로서 이름을 날린 존 손 경Sir.
John Soane이 살았던 집. 그가 직접 설계한 자택과 평
생 모은 수집품을 국가에 기증하면서 일반인에게 공
개되었다. 그는 부인이 사망한 후부터 혼자 살던 집
을 박물관으로 기증할 준비를 했다고 하는데, 공원
이 내려다보이는 거실과 집 안 곳곳에 전시된 수많
은 조각과 그림, 건축 설계도와 모형 등이 인상적이
다. 유명 건축가가 살았던 영국식 타운 하우스를 구
경할 수 있다.

ADD 🚇 *Holborn* 13 Lincoln's Inn Fields, London
WC2A 3BP
TEL +44-20-7405-2107
TIME 화~토 10:00~17:00
HOMEPAGE www.soane.org

포토그래퍼스 갤러리 The Photographer's Gallery

- MAP 126p

사진을 사랑하는 사람이라면 이곳에 들러보자. 나무
바닥과 흰 벽으로 둘러싸인 공간 속에 오로지 사진과
사람만이 있다. 옥스퍼드 스트리트의 번화가에 위치
한 작은 전시관에서 뷰파인더로 바라본 누군가의 또
다른 세상을 엿볼 수 있다. 지하에는 사진 관련 서적
과 엽서 등을 파는 숍과 카페가 있다.

ADD Oxford Circus 16-18 Ramillies Street,
London W1F 7LW
TEL +44-20-7087-9300
TIME 월~수 10:00~18:00, 목 10:00~20:00,
금~토 10:00~18:00, 일 11:30~18:00
HOMEPAGE www.thephotographersgallery.org.uk

화이트 큐브 White Cube

- MAP 111p

오늘날 미술시장을 주름잡고 있는 예술가 데미안 허
스트Damien Hirst를 발굴한 저력 있는 현대미술관으로
영 브리티시 아트YBA 분야의 작품을 주로 전시한다.
예술가의 아지트로 꼽히던 혹스톤Hoxton 지역에서 최
근 한적한 주택가 버몬지Bermondsey로 위치를 옮겨
이 지역에 예술적인 기운을 새롭게 불어넣고 있다. 실
제로 이곳에 가면 패셔너블한 젊은 예술가들을 쉽게
볼 수 있어 기분까지 젊어지는 느낌이다.

ADD London Bridge 144-152 Bermondsey
Street, London SE1 3TQ
TEL +44-20-7930-5373
TIME 화~토 10:00~18:00, 일 12:00~18:00
HOMEPAGE whitecube.com

제프리 뮤지엄 The Geffrye Museum

- MAP 135p

시대별로 영국 중산층 가정의 가구와 인테리어를 실제 방처럼 전시해놓은 곳으로 4백여 년에 걸친 영국 실내 디자인의 변천사를 엿볼 수 있다. 특히 4~10월에는 뒤뜰의 허브 가든도 개방해 싱그러운 허브 향기도 마음껏 즐길 수 있다.

ADD Ⓤ *Hoxton* 136 Kingsland Road, Lordon E2 8EA
TEL +44-20-7739-9893
TIME 화~일 10:00~17:00
HOMEPAGE www.geffrye-museum.org.uk

시간의 도시를 달리다,
런던의 **2층 버스**

10년도 더 지난 일이지만 아직도 기억나는 순간이 있다.

스무 살 재수생 시절, 살랑살랑 부는 봄바람에 마음이 싱숭생숭해져 어디론가 훌쩍 콧바람을 쐬러 가고 싶어졌다. 하지만 재수를 하던 처지라 마음 편히 놀러 다닐 여유가 없던 나는 어느 날 무작정 시내버스를 잡아탔다. 버스 노선도 모르고 행선지도 없었지만 '서울 어디쯤을 달리다가 반대편에서 같은 버스를 타고 원래 자리로 돌아오면 되겠지'라는 마음으로 소심한 일탈을 저지른 것이다. 차창 너머로 보이는 낯선 서울의 풍경과 따뜻한 봄 햇살을 맞으며 나와는 달리 자유로워 보이는 사람들의 표정을 바라보고 잠깐 동안이나마 세상 구경을 했더니 답답했던 마음이 한결 가벼워지는 기분이었다.

20대 후반에 요리를 배우겠다고 훌쩍 유학을 떠난 뉴욕에서도 특별히 누군가를 만날 약속도 없고, 반겨주는 사람 하나 없는 텅 빈 집으로 돌아가기 싫은 날이면 무작정 버스를 잡아타곤 했다. 버스를 타고 바둑판처럼 잘 짜인 맨해튼 한복판을 동서남북으로 달렸다. 재수생이었던 때와는 또 다른 눈으로 새로운 세상을 구경하는 기분이란 꽤 달콤 씁쓸하고도 짜릿했다.

이제 런던에서의 삶도 조금은 익숙해진 걸까? 옛 버릇이 도졌는지 슬며시 아무 버스나 타고 도시를 한 바퀴 돌고 싶은 충동이 든다. '그래, 무작정 버스를 타고 런던 구경을 해보자!' 마침 우리 집 앞을 지나는 유일한 버스인 24번은 런던 남쪽에서 북쪽까지 달리는 꽤 알짜배기 노선이다. 게다가 영국의 2층 버스는 1956년에 처음 선을 보인 후 그동안 클래식한 모습을 유지해오다 최근 새로운 디자인으로 바뀌었는데, 운 좋게도 24번 버스가 시범적으로 운

[있는 그대로의 런던을 즐기는 방법]

영되는 새 디자인 버스 중 하나라서 더욱 버스 탈 맛이 났다. 이전의 클래식한 버스와 달리 새로운 디자인은 매끄러운 굴곡과 헤드라이트에서 미래 지향적인 세련미가 물씬 풍긴다. 고풍스러운 도시를 달리는 세련된 새 버스는 서로 어떤 조화를 이루어낼까? 멀리서 다가오는 버스를 보니 벌써부터 마음이 들뜨기 시작한다.

런던에서 생활한 지 2년쯤 도 다 보니 이제 웬만한 것들은 특별할 것 없는 일상이 되었지만 지금도 2층 버스만 타면 괜히 마음이 설렌다. 매일매일 버스를 타는 런더너들은 2층으로 올라가기 귀찮은지 1층에 앉는 사람들이 많지만 나는 버스에 타자마자 잽싸게 2층으로 올라가 맨 앞자리를 차지하고 앉는다. 맨 앞자리가 비어 있을 때는 횡재한 기분이고, 2층의 넓은 창 너머로 보이는 런던 거리를 바라보면 마치 VIP석에 앉아 영화를 보고 있는 듯한 착각까지 든다. 수많은 영화 속의 배경이 되었던 런던의 풍경이 눈앞에서 펼쳐지기 때문일까?

긴 버스는 좁은 골목과 구불구불한 코너를 아찔하게 잘도 빠져나간다. 서울의 버스 운전사들이 '끼어들기'의 달인이라면 런던의 버스 운전사들은 좁은 골목의 '코너 돌기와 빠져나가기'의 달인들이다. 2층에서 내려다보면 과연 이 긴 버스가 비좁은 골목을 빠져나갈 수 있을지 아찔하기도 하고 가로수 나뭇가지가 버스 창문에 세차게 부딪칠 때마다 마치 따귀를 세게 얻어맞은 기분이 들기도 하지만 그마저도 독특한 재미가 있다. 게다가 영국은 운전석이 오른쪽에 있고 차도 좌측통행을 하기 때문에 처음에는 마치 세상이 반대로 돌아가는 기분이었는데, 어느새 영국식에 익숙해졌는지 길을 건널 때면 나도 모르게 오른쪽을 먼저 살피게 된다.

영국에서 운전석이 오른쪽에 있고 좌측통행을 하는 이유는 과거 마차가 다니던 시절, 마부가 왼손으로는 고삐를 잡고 오른손으로는 채찍질을 했기 때문이라고 한다. 마부의 좌석이 왼쪽에 있으면 마부석 옆자리 사람과 행인 들이 채찍에 맞아 다치기 때문에 자연스럽게 마부가 오른쪽에 앉게 되었다 는 것이다.

1존의 가장 남쪽 끝인 핌리코Pimlico역에서 출발한 버스는 가장 먼저 빅토리 아Victoria역을 지난다. 마치 서울역이나 용산역처럼 영국 전역으로 통하는 기차 와 시외버스 정류장이 있는 빅토리아역 근처에는 어디론가 떠났다 돌아오는 사람들로 늘 북적인다. 게다가 공사가 한창이라 더 복잡하고 어수선한 빅토 리아역을 느릿느릿 지나자 이내 웨스트민스터 대성당Westminster Abbey이 정면에 서 나를 반긴다. 바다 건너에서 텔레비전으로만 지켜보았던 윌리엄과 케이트 의 세기의 결혼식이 열린 곳이 눈앞에 나타나고, 그 뒤로 빅벤과 국회의사당 그리고 런던아이가 펼쳐지는 풍경을 보고 있자니 마치 영화 〈다빈치 코드〉 의 한 장면 속으로 들어온 것 같은 기분이다. 런던에 산 지 꽤 오랜 시간이 지 난 지금까지도 거리의 풍경은 영화의 한 장면처럼 항상 멋지게 보인다. 이 설 렘은 언제까지 계속될까?

총리 관저가 있는 다우닝Downing 10번가와 정부 기관들이 줄지어 들어서 있 는 관청가인 화이트홀White hall을 지난 버스는 어느덧 근위 기병대 사령부Horse Guards 앞을 지나고 있다. 오늘도 기마병 앞에서 사진을 찍는 관광객들로 가득 하다. 근사한 검은 말 위에 멋진 유니폼을 입고 앉아 있는 모습이 신기한지 연신 사진을 찍어대는 관광객들과는 대조적으로 기마병은 근엄한 표정으로 서 있다. 하지만 살짝 발그레한 앳된 얼굴을 보고 있으니 그들의 귀여운 모습 에 나도 모르게 엄마 미소가 지어진다. 런던의 상징이 된 빨간 우체통과 전화

박스, 2층 버스와 근위병의 빨간 유니폼. 마치 화장기 없는 민낯에 빨간 립스틱을 바른 것처럼, 거리에는 안개가 낀 회색빛 도시에 생동감을 주는 도시의 명물들이 가득하다.

그사이 버스는 넬슨 제독의 동상이 우뚝 서 있는 트라팔가 광장^{Trafalgar Square}을 향해 달린다. 위풍당당한 모습으로 서 있는 넬슨 제독은 트라팔가 해전에서 나폴레옹이 이끄는 프랑스와 스페인의 연합군을 물리치며 전쟁을 승리로 이끈 영웅으로, 그를 기념하기 위해 트라팔가 광장을 만들었다고 한다. 역사책에서나 보았던 나폴레옹과 넬슨 제독이라…. 세계사에 무관심한 나이지만 이곳에서 살다 보니 절로 세계사 공부가 되는 기분이다.

동상 주변에는 네 마리의 거대한 사자상이 영웅을 호위하고 있고, 그 뒤로 넓은 광장 가운데에서는 분수가 활기차게 물을 뿜어내고 있다. 어떻게 올라갔는지 높은 사자상 위에 앉아 사진을 찍는 사람, 분수에 앉아 누군가를 기다리는 사람, 거리에서 노래를 부르거나 춤을 추거나 퍼포먼스를 하고 있는

행위예술가 등 광장의 주인공이 세상을 떠난 지 2백 년이 지난 지금, 2층 버스 창문 너머로 내려다보이는 광장과 그 주변은 지금 이 시대의 사람들로 북적거린다.

버스는 고풍스러운 광경을 지난 지 채 5분도 안 되어서, 시끌벅적하고 현란한 네온사인을 자랑하는 뮤지컬 극장과 영화관, 공연장과 레스토랑들로 둘러싸인 젊은 분위기의 상업지구 웨스트엔드West End로 들어섰다. 웨스트엔드는 본래 19세기에 채링크로스Charing Cross의 서쪽 지역을 가리키는 말에서 유래되었는데, 현재는 뉴욕의 브로드웨이와 더불어 세계 뮤지컬의 양대산맥이라 불리고 있다. 극장을 의미하는 'theater'와 다르게 'theatre'라고 적는 런던의 극장들은 한 극장에서 오직 한 작품만을 공연하는 전용 극장이다. 상영작의 특징이 물씬 풍기는 간판과 휘황찬란한 네온사인들이 빚어내는 특유의 분위기로 인해 더욱 특별한 느낌이다.

[있는 그대로의 런던을 즐기는 방법]

　도시에 사는 사람은 각자 가장 좋아하는 도시의 풍경이 있기 마련이다. 나는 런던 탑Tower of London의 성벽 뒤로 거킨 타워The Gherkin가 어우러진 모습을 가장 좋아한다. 런던에 온 지 얼마 되지 않았을 때, 런던의 상징물인 타워브리지를 건너며 이 풍경을 처음 마주했다. 도심 한복판에 중세의 성이 그대로 보존되어 있는 것도 놀라운데, 그 뒤로 마치 하늘로 올라갈 듯 매끈하게 솟아 있는 고층 건물이 어우러진 모습을 보며 당시 잠시 할 말을 잃었다. 도심을 관통하는 템스 강변에서는 그 점이 더욱 두드러진다. 영국 드라마 〈셜록Sherlock〉의 인트로에도 등장하는 템스 강변은 세인트 폴 대성당 앞으로 밀레니엄 브리지가 달려 나가고, 중세 건물들 옆으로 우뚝 솟은 런던아이London Eye까지도 하나의 그림처럼 조화를 이루고 있다. 이러한 모습이야말로 서로 다른 시대의 감성이 조우하는 런던만의 매력이다.

　놀랍게도 런던 탑 건너편에는 로마인이 남기고 간 방어용 성벽인 시티월City Wall의 잔해와 트라야누스 황제의 동상이 서 있다. 런던에서 로마 시대의 성벽을 만난 것은 정말 의외였다. 1천8백 년의 긴 세월을 견뎌온 성벽 뒤로는 작은 놀이터가 있고, 아이들은 이 돌벽이 얼마나 대단한 것인지 아는지 모르는지 그저 신 나게 그네를 타고 있다. 브리타니아 섬까지 건너와 도시를 세웠던 로마인들의 흔적이 아직도 이 도시에 남아 있다니…. 왠지 도시 곳곳에 잠들어 있는 역사가 말을 걸어오는 기분이다. "역사는 하루아침에 이루어지지 않는다"는 말처럼 시간이 잠든 도시에서 마주하는 유구한 역사가 위대하게만 느껴진다.

　동대문 시장처럼 시끌벅적하고 활기찬 캠던 타운Camden Town을 지난 버스는 마침내 종점인 햄스테드 히스Hamstead Heath에 도착했다. 유서 깊은 유적지와 화려한 상업지구를 지나 시끌벅적하고 자유분방한 타운을 거쳐 고요한 초원의

[있는 그대로의 런던을 즐기는 방법]

언덕까지…. 짧은 여정이었지만 마치 시대를 넘나들며 시간 여행을 한 듯하다. 대체 런던의 매력은 어디까지 일까?

6년째 외국 생활을 하다 보니 아무리 멋진 도시에 살더라도 스스로 어떤 그림을 그려나가는지는 결국 전적으로 본인에게 달려 있음을 느끼게 되었다. 아무리 멋진 도시라도 누군가에게는 무미건조한 무채색의 그림이 될 수 있고, 아무리 초라한 곳이라도 누군가에게는 화려한 작품이 될 수 있다. 몇 년 후 내가 이 도시를 떠날 때 완성될 나의 그림은 어떤 모습일까? 나는 이 멋진 도시에서 어떤 그림을 그려나가게 될까? 먼 훗날 내 인생을 한 페이지로 정리할 때 이곳에서의 생활이 새로운 도약의 발판이 되어 더없이 소중하고 행복한 시간으로 남게 되기를 바라본다.

런던의 시간

유럽의 다른 많은 나라들과 마찬가지로 영국은 고대 로마인이 건설한 나라이며 지금의 런던을 만든 것 역시 로마인이다. 기원전 55년 카이사르의 로마군은 켈트 족이 지배하던 브리튼 섬을 침공했고, 4세기에 지금의 독일 땅에서 '게르만 족의 대이동'을 피해 건너온 앵글 족과 색슨 족에게 패해 유럽 대륙으로 물러나기 전까지 로마인은 4백 년 동안이나 브리튼 섬을 다스렸다(북아일랜드를 제외한 영국의 섬을 지칭하는 '브리튼Britain'이라는 단어는 '브리타니아Britania'라는 라틴어에서 유래되었다).

고대 로마군은 브리튼 섬을 다스리는 동안 여러 흔적을 남겼다. 당시 로마인들은 지금의 템스 강 유역에 요새를 건설했는데, 그 요새의 이름이 론디니움Londinium이었고 훗날 론디니움은 런던의 어원이 되었다고 한다. 건설 기술이 뛰어났던 로마인들은 2백 년 즈음에 외부의 침입을 막기 위해 오늘날 시티City 지역이라 불리는 템스 강 북쪽 지역에 시티월City Wall이라는 방어용 성벽을 지었고, 그 덕에 론디니움은 성곽으로 둘러싸인 도시가 되었다.

로마인들은 좋은 터를 알아보는 탁월한 눈을 갖고 있었던 것일까? 당시 성벽으로 둘러싸여 있던 시티 지역은 오늘날 영국 경제의 중심지이자 뉴욕의 월스트리트와 함께 세계 금융시장을 좌지우지하는 중심이 되었다. 로마군이 물러간 지 1천5백 년이 넘었지만 현대적이고 세련된 금융기관의 건물들이 들어선 자리 곳곳에는 로마인들의 성벽 터와 잔해들이 고스란히 남아 있다. 그리고 성벽에 있던 일곱 개의 성문의 이름은 지금까지 로마 시대에 불리던 이름(Aldgate, Bishopsgate, Ludgate 등)으로 불리고 있다.

현재 세인트 폴St.Paul's역에서 시티의 중심인 뱅크Bank역으로 이어지는 큰 거리인 치프사이드Cheapside 거리는 로마군이 물러간 후 이 지역에 머물렀던 앵글로 색슨 족의 말로 '물물 교환Market'이라는 뜻의 단어에서 유래되었다고 한다. 그 이름처럼 과거 이 거리 일대는 상업의 중시지로 번성했는데, 현재까지 남아 있는 밀크 스트리트Milk Street, 브레드 스트리트Bread Street, 폴트리poultry, 허니 레인Honey Lane과 같은 이름으로 그 당시의 분위기를 상상해볼 수 있다.

뉴욕의 '월스트리트'는 1653년에 네덜란드 식민지 주민들이 영국인과 인디언 원주민들로부터 자신들을 보호하기 위해 설치한 나무로 된 벽이었는데 오늘날 벽은 없고 이름만 남아 있는 반면 런던에는 1천8백 년 된 고대 로마인의 '월스트리트'인 시티 월이 아직도 남아 있다는 점이 새삼 위대하게 느껴진다.

시티 월의 흔적

무어게이트역

 Moorgate

무어게이트역에서 하차 후, 런던월London Wall 또는 월스트리트Wall Street라고 쓰여진 도로 표지판을 찾아가면 고층 건물들 사이로 시티 월의 흔적을 발견할 수 있다.

바비칸역

 Barbican

런던의 복합 문화 공간인 바비칸 센터Barbican Centre의 바비칸이라는 단어는 '망루'라는 뜻으로 바비칸 센터 근처에 망루의 흔적이 일부 남아 있다.

타워힐역

 Tower Hill

런던 박물관 뒤쪽과 런던 탑Tower of London이 내려다 보이는 타워힐Tower Hill에도 성벽의 일부가 남아 있고 트라야누스 황제의 동상이 세워져 있다.

첨단과 전통의 풍경을 동시에 감상할 수 있는 포토 스팟 Best 3

런던 탑 & 거킨 타워 (나이 차 : 약 930년)

타워브리지에서 런던 탑 쪽으로 건너면 한때 왕실의 궁이었으나 후에 감옥이자 처형장으로 사용되었던 런던 탑과 그 뒤로 미래에서 온 듯한 현대식 고층 건물인 거킨 타워가 어우러진 모습을 볼 수 있다.

세인트 폴 대성당 & 원 뉴 체인지

(나이 차 : 약 300년)

프랑스의 유명 건축가 장 누벨Jean Nouvel이 설계하여 2010년에 완공된 사무, 쇼핑 복합단지인 원 뉴 체인지 One New Change 건물 사이로 세인트 폴 대성당이 보이는 풍경에는 특별한 사연이 있다. 평소 건축과 환경에 관심이 많은 찰스 왕세자가 세인트 폴 대성당을 가리는 원 뉴 체인지의 설계 변경을 요구한 것이다. 덕분에 지금과 같은 형태의 건물이 탄생했다.

세인트 폴 대성당 & 밀레니엄 브리지

(나이 차 : 약 300년)

테이트 모던과 세인트 폴 대성당을 이어주는 밀레니엄 브리지는 영국의 유명 건축가 노먼 포스터Norman Foster가 설계하여 2000년에 지어졌다. 새천년을 기념해 지어진 세련된 다리가 영국 국교의 역사적인 대성당으로 이어지는 모습이 장관이다. 밀레니엄 브리지 아래에서 세인트 폴 대성당을 바라보는 장면 역시 남다르다.

애프터눈 티를!

은경은 뉴욕 생활 초기에 머물렀던 게스트하우스에서 룸메이트로 만난 인연으로 지금까지도 연락하고 지내는 특별한 사이다. 타향에서 만나 서로 의지하며 지내던 그녀를 오랜만에 그것도 뉴욕이 아닌 다른 도시에서 다시 만나게 되어 반가움이 더 컸다.

3박 4일의 짧은 일정 동안 가보아야 할 곳을 빡빡하게 계획해 온 은경에게 뉴욕에서는 절대 경험하지 못할 추억을 남겨주고 싶어 고심 끝에 선택한 것은 '애프터눈 티' 체험이었다. 런던에서는 보통 오후 2시에서 5시 사이에 티룸이나 호텔에서 애프터눈 티 메뉴를 맛볼 수 있는데, 몇몇 호텔은 관광상품화한 곳도 있을 정도로 각자의 개성을 살린 특색 있는 애프터눈 티를 선보이고 있다.

작은 티룸에서 즐기는 소박한 애프터눈 티로도 만족할 수 있겠지만 동생에게 잊지 못할 특별한 추억을 선사하고 싶어 피커딜리 스트리트Piccadilly Street에 있는 포트넘 앤 메이슨Fortnum and Mason으로 향했다. 애프터눈 티로 유명한 다른 호텔을 선택할 수도 있었지만 포트넘 앤 메이슨을 선택한 데는 나름의 이유가 있었는데, 바로 귀부인보다 더 고귀한 여왕의 기품 넘치는 차를 선사하고 싶었기 때문이다.

고급 식료품점으로 유명한 포트넘 앤 메이슨은 150년 동안 왕실에 차를 납품하는 로열 워런트 홀더Royal Warrant Holder(왕실 어용상인)이다. 즉, 이곳의 차는 왕실에서 마시는 여왕이 인정한 고품질의 차라는 뜻이다. 영국에는 로열 워런트Royal Warrant(영국 왕실 보증서)가 있어 영국 왕실에서 인정한 제품 또는 생산

자에게 왕실의 문장을 붙일 수 있는 권리를 주는데, 왕실 보증서를 받는다는 것은 최고의 품질을 인정받았다는 뜻으로 그들에게는 매우 명예로운 일이라고 한다. 영국에서 오직 엘리자베스 2세와 남편 필립 공 그리고 찰스 황태자 이렇게 세 명만이 그 선택권을 가지고 있다고 하니 비록 3년 동안 왕실에 무료로 납품을 해야 하지만 그야말로 가문의 영광이 아닐 수 없다.

그런 이유로 포트넘 앤 메이슨 1층에 위치한 식료품 숍은 왕실에서 마시는 차를 사려는 관광객들로 늘 북적거린다. 이곳에는 고급스러운 티와 잼, 디저트 등의 다양한 식료품이 가득했는데, 마침 여왕의 즉위 60년이 되는 해라 경축 행사인 다이아몬드 주빌리Diamond Jubilee로 들떠 있는 영국의 분위기가 이곳에도 고스란히 전해졌다.

당시 런던 거리는 온통 유니은 잭Union Jack(영국 국기)으로 물결을 이루고 있었다. 백화점이나 기념품 가게마다 대관식Coronation을 테마로 한 도자기나 가방, 차, 비스킷 등의 특별 상품을 내놓았고, 다이아몬드 주빌리 날에 맞춰 그 주 월요일도 공휴일로 지정하여 토요일부터 화요일까지 4일 내내 그야말로 도시 전체가 축제 분위기였다. 나 또한 축제 분위기를 제대로 느껴보고 싶어 남편과 함께 버킹엄 궁전 야외에서 열리는 BBC의 경축콘서트를 보러 갔다가 수많은 인파에 혼비백산하고 돌아와 집에서 조용히 텔레비전으로 콘서트를 보았었다.

이러한 분위기에 발맞추어 포트넘 앤 메이슨에서도 일명 '코로네이션 스페셜 라인'을 선보이고 있었다. 식료품 숍을 구경하는 내내 여왕의 얼굴을 마주하니 '내가 살고 있는 곳이 영국이 맞긴 맞구나'라는 생각이 새삼 들었다. 은경이 지인들에게 선물할 차 몇 박스를 사고 난 뒤, 설레는 마음으로 4층에 있는 '다이아몬드 주빌리 티 살롱Diamond Jubilee Tea Salon'으로 올라갔다.

살롱 안은 무려 75가지나 되는 귀한 차들로 가득했다. 게다가 차마다 채엽 부위와 잎의 크기에 따라 나눈 찻잎의 등급Leaf Grades은 물론 차의 산지까지 자세히 표기되어 있어 차 애호가들에게는 그야말로 천국 같은 곳이었다. 하지만 당시 차에 대해서는 생초보나 다름없던 나는 웨이터의 추천에 따라 차를 주문했는데, 3단 트레이에 담긴 티 푸드가 나오는 순간 눈이 휘둥그레졌다. 이곳만의 아름다운 티 웨어와 티 푸드는 초보인 내 눈에도 무척 특별해 보였다. 여자들의 로망인 3단 트레이의 1층에는 샌드위치, 2층에는 따뜻한 스콘 그리고 맨 꼭대기 층에는 달콤한 미니 케이크가 담겨 있었다. 마담들을 위한 특별한 티 푸드를 보는 것만으로도 우아한 귀부인이 된 듯한 기분이었다.

런던의 호텔들은 저마다의 상징적인 티 웨어를 갖추고 있을 정도로 애프터눈 티에서 티 웨어의 의미는 특별하다. 포트넘 앤 메이슨의 티 웨어는 주얼리 브랜드 티파니의 보석 상자처럼 청량한 푸른 민트빛이 나고 은식기에서는 반짝반짝 빛이 난다. 어찌나 고급스럽고 아름다운지 슬쩍 가져가고 싶을 정도로 탐이 난다.

영국에서는 찻잔 세트Tea Cup & Saucer의 찻잔 받침 접시를 플레이트Plate가 아니라 소서Saucer라고 부른다. 예쁜 찻잔과 소서를 하나씩 사 모으다가 이렇게 부르는 이유가 문득 궁금해졌는데, 우연히 BBC에서 방송된 차 다큐멘터리에서 그 이유를 알게 되었다. 초기에 귀부인들이 애프터눈 티를 즐기던 시절에는 찻잔에 손잡이가 없었다고 한다. 뜨거운 차를 손잡이가 없는 찻잔에 들고 마시기가 어려워서 오목한 접시에 조금씩 덜어 접시째 들고 마셨다고 한다. 한마디로 'take a cup of tea'가 아니라 'take a dish of tea'였던 것이다. 우아한 귀부인들이 차를 접시째 들고 마셨다니! 그 모습을 상상하니 절로 웃음이 새어 나왔다.

우리는 귀부인이 된 기분으로 여왕이 인증한 차를 마시며 오랜만에 수다
꽃을 피웠다. 은경은 아직까지도 종종 그 봄 런던에서의 추억이 떠오른다며
그때의 우아했던 애프터눈 티 이야기를 하곤 한다. 사실 푸짐한 식사를 즐긴
것도 아닌데 고작 3단 트레이에 담긴 다과에 일인당 40파운드, 한화로 거의
8만 원에 가까운 돈을 썼으니 평소 알뜰하다고 자부하던 우리에게는 분명 무
리한 지출이었다. 하지만 돈으로는 살 수 없는 소중한 추억을 만들었기에 낭
비라는 생각은 전혀 들지 않았다.

영국에서 파는 기념품과 영국산 제품에는 2층 버스, 빨간 우체통과 함께
여왕의 얼굴과 왕관이 어김없이 등장한다. 영국에서 가장 유명한 광고 모델
이자 가장 몸값이 높은 모델은 단연 여왕이 아닐까 하는 생각이 들 정도다. 이
렇게 여왕과 왕실이 영국을 대표하는 하나의 상징이 된 이유는 과거 세계를
호령했던 영국의 위상과 위엄을 드러내고 싶은 마음과 영국만의 특별한 이
미지 메이킹을 통해 더 많은 관광객을 끌어들이기 위한 의도 때문이라고 한
다. 어쩌면 서민들의 검소한 생활과는 대조적으로 화려한 생활을 하는(그것
도 서민들의 세금으로) 왕실을 영국인들이 인정하는 것도 바로 이러한 이유 때

문일 것이다.

2000년대에 들어 영국에 재정 위기가 겹치면서 연간 6백여 억 원에 달하는 왕실 유지비용을 대는 것은 시대착오라는 비판과 함께 공화주의자들이 왕정 폐지를 주장하고 나서기도 했다. 그러나 대다수의 영국인들은 영국 왕실의 존재를 국민 통합과 정체성의 상징으로 보며 열렬한 지지를 하고 있다고 한다. 오랜 문화를 낡았다고 버리는 것이 아니라 이를 통해 관광상품화까지 하는 그들의 모습을 보니 "사자(영국의 상징)는 분명 늙었지만 그 위엄은 사라지지 않는다"라는 말이 떠오른다. 새로운 것을 받아들이는 열린 마음을 갖고 있으면서도 자신들의 위엄을 지킬 줄 아는 것이 바로 이곳, 런던의 매력이다.

포트넘 앤 메이슨 Fortnum & Mason
- MAP 126p

ADD 🚇 *Green Park* 🚇 *Piccadilly Circus* 18´ Piccadilly, London W1A 1ER
TEL +44-84-5300-1707
TIME 월~토 10:00~21:00, 일 12:00~18:00
HOMEPAGE www.fortnumandmason.com

보통 오후 2시에서 5시 사이에 스콘과 샌드위치, 케이크 등 간단한 간식과 차를 함께 즐기는 영국의 풍습을 애프터눈 티라고 한다. 런던에서는 오후에 티룸이나 호텔에서 애프터눈 티 메뉴를 만날 수 있다.

애프터눈 티는 원래 1840년대에 영국 상류층 귀부인들 사이에서 즐기던 차 문화가 훗날 그들을 동경하던 서민들에게 퍼진 것이라고 한다. 애프터눈 티를 처음 선보인 사람은 베드포드 공작의 일곱 번째 부인인 안나 마리아 러셀 Anna Maria Russell 이라고 한다.

일찌감치 점심을 먹고 오후 8시 저녁식사 때를 기다리자니 늘 5시쯤 되면 출출함을 느낀 공작 부인이 하녀에게 다과를 준비하게 한 것이 애프터눈 티의 기원이라고 하는데, 이것이 점차 귀부인들 사이에서 유행처럼 퍼져 상류층의 문화로 정착했다고 한다. 한마디로 안나 마리아 러셀은 애프터눈 티 문화를 유행시킨 19세기의 '잇걸' 혹은 '트렌드 세터'인 셈이다.

트렌드 세터답게 남다른 취향을 가진 이 공작 부인은 아예 애프터눈 티를 위한 전용 티 캐디 Tea Caddy(차를 담는 통)와 티팟 Teapot, 찻잔과 소서 그리고 하녀를 부르는 종까지 갖추고 있었다고 하는데, 이 또한 하나의 유행이 되어 상류층 부인들을 위한 화려한 '티 웨어 Teaware'가 발달하게 되었다.

런던 애프터눈 티 정보 사이트
www.afternoontea.co.uk
지역별, 가격대별로 런던에 있는 대부분의 티룸 사진과 정보가 나와 있는 유용한 사이트. 티 길드 The Tea Guild라는 영국 차 협회에서 선정한 우수한 차를 선보이는 곳들의 정보도 확인할 수 있다.

로우 티와 하이 티

영국에서는 애프터눈 티를 또 다른 말로 '로우 티 Low Tea'라고도 부른다. 귀부인들의 문화였던 애프터눈 티는 식탁에 비해 높이가 낮은 응접실 테이블에 차려졌던 이유로 그렇게 불리게 되었다고 한다. 반면 하이 티 High Tea는 오후 5시에서 7시 사이에 저녁식사를 대신해 고기와 파이를 곁들여 즐기던 이유로 '미트 티 Meat Tea'라고 불리기도 한다. 지금은 고급 호텔에서도 하이 티를 즐길 수 있지만 원래는 주로 노동자나 서민들이 퇴근 후 저녁식사를 대신하던 티 타임에서 유래된 미트 티는 귀족들의 낮은 응접실 테이블보다 높은 식탁에 주로 차려졌다는 이유로 '하이 티'라고 불리게 되었다고 하는데, 상류층의 티가 오히려 '로우 티'로 불리고 하층민의 티가 '하이 티'로 불리게 된 연유가 재미있다.

비교적 저렴하게 즐길 수 있는 런던의 추천 티룸

영국인들은 런던에는 티룸이 변변치 않으며, 부티크 호텔의 애프터눈 티는 터무니없이 비싸서 진정한 티룸을 찾으려면 외곽으로 나가야 한다고 말하곤 한다. 하지만 잘 찾아보면 런던에도 비교적 저렴한 가격에 애프터눈 티를 즐길 수 있는 티룸들이 있다. 크림 티 Cream Tea라는 메뉴는 스콘과 잼, 클로티드 크림 그리고 차가 곁들여 나오는 비교적 간소한 세트 메뉴로 애프터눈 티에 비해 간단하게 즐길 수 있다.

윰차 Yumchaa

이곳에는 아예 메뉴판이 없다. 찻잎을 담은 30가지의 작은 병들이 늘어서 있는 진열대에서 직접 향을 맡아 보고, 차갑게 마실지 뜨겁게 마실지만 정하면 된다. 3 파운드 미만의 저렴한 가격으로 아늑한 분위기에서 차를 마실 수 있어 젊은 층에게 특히 인기 있다.

HOMEPAGE www.yumchaa.com

캠던 록 점 - MAP153p
ADD *Camden Town* 91/92 Camden Lock Place, Upper Walkway West Yard, London NW1 8AF
TIME 월~금 9:00 ~ 18:00, 토~일 9:00 ~ 18:30

소호 점 - MAP 126p
ADD *Oxford Circus* *Tottenham Court Road* 45 Berwick Street, London W1F 8SF
TIME 월~금 8:00~20:00, 토 10:30 ~ 20:00, 일 11:00~20:00

캠던 파크웨이 점 - MAP 153p
ADD *Camden Town* 35/37 Parkway(The Old Palmer's Pet Shop), London NW1 7PN
TIME 월~금 8:00~20:00, 토~일 9:30~20:00

토트넘 스트리트 점 - MAP 126p
ADD *Goodge Street* 9/11 Tottenham Street London W1T 2AQ
TIME 월~금 8:00~20:00, 토~일 11:00~18:00

하이 티 오브 하이게이트 High tea of Highgate

소녀 감성이 물씬 풍기는 작고 아담한 티룸이다. 우리나라에서도 최근 인기인 영국의 브랜드 버얼리Burleigh 찻잔에 차를 내주어 더욱 포근한 티타임을 갖게 해준다. 3존에 위치해 있고 지하철역에서 15분 정도 걸어야 하지만 티룸 근처 워털루 파크Waterloo Park에서 런던 시내를 내려다볼 수 있어 여유 있는 오후를 보내기에 안성맞춤이다.

ADD 🔵 *Highgate* 50 Highgate High Street, London N6 5HX
TEL +44-20-8348-3162
TIME 화~목 10:00~18:00, 금 8:30~18:00, 토 10:00~18:00, 일 11:00~18:00
COST 크림 티 6.50£

블루버드 카페 Bluebird Café

- MAP 145p

엄밀히 말하면 전용 티룸은 아니고 간단한 음식과 디저트를 파는 카페지만 오후 2시부터는 크림 티 메뉴를 맛볼 수 있다. 한쪽 벽면 가득히 붙여놓은 접시들과 창가에 진열된 티팟과 케이크 스탠드 그리고 감각적인 인테리어가 세련된 티룸을 연상시킨다. 옆에는 레스토랑과 편집 숍, 식료품 숍도 붙어 있으니 첼시 지역을 방문하는 날 들러보면 좋다.

ADD 🔵 *South Kensington* 🔵 *Sloane Square*
350 King's Road, London SW3 5UU
TEL +44-20-7559-1000
TIME 월~금 8:00~21:30, 토 9:00~21:30, 일 9:00~21:00
COST 크림 티 9£(오후 2시부터 가능)
HOMEPAGE www.bluebird-restaurant.co.uk/cafe-courtyard

카멜리아스 Camellia's

- **MAP 126p**

유명 백화점들이 몰려 있는 쇼핑 지역인 옥스퍼드 스트리트 근처에 리버티 백화점 뒤로 젊은이들의 쇼핑 거리인 카나비 스트리트Carnaby Street가 있다. 그 골목 사이에 인사동의 쌈지길처럼 재미나게 생긴 킹리 코트Kingly Court가 있는데, 건물의 맨 위층에 카멜리아스 티룸이 있다. 2012년에는 그레이트 테이스트 어워즈Great Taste Awards에서 금상을 수상하며 차 맛을 인정받았다. 차와 차 관련 소품도 구입할 수 있으니 옥스퍼드 스트리트에서 쇼핑 후 들르기 좋다.

ADD 🚇 *Oxford Circus* Top Floor 2.12 Kingly Court, Carnaby Street, London W1B 5PW
TEL +44-20-7734-9939
TIME 월~토 12:00~19:00, 일 12:00~18:00
COST 크림 티 7.95£
HOMEPAGE www.camelliasteahouse.com

폴 로더 앤드 선 Paul Rothe & Son

- **MAP 126p**

1900년에 폴 로더Paul Rothe가 오픈하여 4대째 내려오는 가게로 다양한 잼과 마멀레이드, 클로티드 크림을 판매하는 식료품점이다. 런던의 유명 호텔이나 티룸에서 이곳에서 만든 잼을 사용하기도 한다. 사방이 잼 병으로 진열된 작은 가게 안에는 차를 마실 수 있는 테이블이 놓여 있고, 흰 가운을 입은 아저씨가 카운터에서 주문을 받고 즉석에서 샌드위치를 만들어 주기도 한다.

ADD 🚇 *Bond Street* 35 Marylebone Lane, London W1U 2NN
TEL +44-20-7935-6783
TIME 월~금 8:00~18:00, 토 11:30~17:00
COST 티 2£ 내외
HOMEPAGE www.paulrotheandsondelicatessen.co.uk

티 앤드 태틀 Tea and Tattle

- MAP 127p

대영박물관 바로 앞에 위치한 티 앤드 태틀 1층에는
아시아와 아프리카의 문화에 관한 서적을 파는 1백 년
이 넘은 서점이 있는데, 그 지하에 아담한 크기의 티
룸이 숨어 있다. 동양적이면서 빈티지한 느낌이 나며
관광객들보다 현지인들에게 사랑받는 곳이다.

ADD 🚇 *Tottenham Court Road* 41 Great Russell
Street, London, WC1B 3PE
TEL +44-77-22-192703
TIME 월~금 9:00~18:30, 토 12:00~16:00
COST 크림 티 5.90£
HOMEPAGE www.apandtea.co.uk

베아스 오브 블룸스버리

Bea's of Bloomsbury

블룸스버리에 오픈한 티룸이 점차 인기를 끌게 되어
현재 런던 시내에 세 곳의 지점을 두고 있다. 그중 세
인트 폴 대성당과 테이트모던과 가까운 세인트 폴 지
점이 위치상으로나 분위기상으로 가장 인기 있다. 단,
애프터눈 티 메뉴는 미리 예약을 해야 한다.

COST 애프터눈 티 19£
HOMEPAGE www.beasofbloomsbury.com

블룸스버리 본점 - MAP 127p
ADD 🚇 *Holborn* 44 Theobalds Road, London
WC1X 8NW
TEL +44-20-7242-8330
TIME 월~금 8:00~19:00, 토~일 12:00~19:00

세인트 폴 점 - MAP 111p
ADD 🚇 *St. Paul's* 83 Watling Street, London
EC4M 9BX
TEL +44-20-7989-4099(예약 등 각종 문의는 블룸스
버리 본점으로)
TIME 월~금 8:00~19:00, 토~일 12:00~19:00

파링던 점(Take Away만 가능) - MAP 110p
ADD 🚇 *Farringdon* 43 Cowcross Street, London
EC1M 6BY
TIME 월~금 7:30~19:00

소호의 시크릿 티룸 Soho's Secret Tea Room

- MAP 126p

소호의 '코치 앤 홀스Coach & Horse's'라는 오래된 펍 위층에 비밀스러운 방처럼 위치해 있어, 자칫 그냥 지나치기 쉬운 곳이다. 항상 시끌벅적한 소호여서 영국 가정집의 응접실같이 생긴 티룸에 앉아 마시는 애프터눈 티가 매우 운치 있다.

ADD Leicester Square Coach & Horse's, 29 Greek Street, London W1D 5DH
TEL +44-20-7437-5920
TIME 월~일 12:00~18:00
COST 애프터눈 티 14.50£
HOMEPAGE www.sohossecrettearoom.co.uk

비비 베이커리 BB Bakery

- MAP 127p

벽에 걸린 발랄한 일러스트처럼 밝고 젊은 분위기의 티룸. 2014년 4월부터 애프터눈 티를 마시며 런던을 관광하는 버스 투어 프로그램을 운영하고 있다. 런던 아이 근처에서 출발하며, bbbus@bbbakery.co.uk 로 메일을 보내 예약해야 한다.

ADD Charing Cross Leicester Square
6-7 Chandos Place, Covent Garden, London WC2N 4HU
TEL +44-20-7836-6588
TIME 월 10:00~19:00, 화~토 9:00~20:00, 일 10:00~19:00
COST 애프터눈 티 26£, 크림 티 7.50£
HOMEPAGE www.bbbakery.co.uk

애프터눈 티 버스 투어

TIME 월~금 15:00~17:30, 토~일 12:30&15:00&17:30
COST 성인 45£, 어린이(6~11세) 35£

한 달쯤, 런던 여행 중
놓치면 아쉬운 **런던의 명소**

영국의 수도인 런던은 33개의 구Borough로 구성되어 있다. 영국은행, 증권거래소 등 영국 경제의 중심지인 시티 오브 런던City of London(줄여서 시티City라고 부름)과 시티를 둘러싼 12개의 구로 구성된 지역인 이너 런던Inner London(지하철 노선도상의 1~2존), 이너 런던을 둘러싼 20개의 구를 포함하는 아우터 런던Outer London 등 크게 세 지역으로 구분할 수 있다. 시티와 이너 런던 지역에 주요 볼거리들이 몰려 있다.

LONDON
ATTRACTION

WESTMINSTER

웨스트민스터

유네스코가 지정한 세계 문화유적 지역

'런던'을 상상하면 제일 먼저 머릿속에 그려지는 국회의사
당과 빅벤, 여왕이 살고 있는 버킹엄 궁전 그리고 웨스트
민스터 대성당 등이 모두 모여 있는 웨스트민스터 지역은
일 년 내내 관광객들로 붐빈다. 관공서가 집중된 영국 정
치의 중심지이자 11세기 이후 왕가의 거주 지역으로 왕실
과 종교의 역사가 이어져 내려오는, 영국을 상징하는 지
역이기도 하다.

버킹엄 궁전
Buckingham Palace

1837년 빅토리아 여왕 재임 이래 여왕의 거주지이자 왕
실의 집무실로 쓰이고 있다. 1703년 버킹엄 공작의 대저
택으로 지어진 건물로 1762년 조지 3세가 왕비 샤를로테
와 아이들을 위해 구입했다. 이후 조지 4세와 빅토리와
여왕이 전면적으로 개축하여 오늘날의 모습을 갖추게
되었다. 화려하지 않은 외관에 비해 궁전 내부는 상당히
호화스럽고 화려하다. 여왕은 주중에는 이곳에서 머물
고 주말에는 런던 교외의 윈저 성에 머문다. 여왕이 머무
는 동안에는 궁전 꼭대기에 유니언잭 깃발을 내건다.
매년 여름 여왕이 스코틀랜드의 밸모럴 성에서 머무는
기간에는 스테이트 룸과 퀸스 갤러리 그리고 왕립 마구
간을 일반인에게 공개한다. 최근 영국 왕실은 '의회로부
터 지급받는 예산은 매년 상승하지만 왕실 살림은 적
자'라는 비난을 받으며 의회로부터 버킹엄 궁전의 개
방 시간을 늘려서라도 관광 수익을 올리라는 강한 압
박을 받고 있다.

ADD Buckingham Palace, London SW1A 1AA
TEL +44-20-7930-4832
HOMEPAGE www.royalcollection.org.uk/visit/
buckinghampalace

· **로열 데이 아웃**Royal Day Out
매년 여름 7~9월 개방하는 버킹엄 궁전, 스테이
트 룸, 퀸스 갤러리, 왕립 마구간을 모두 둘러볼 수
있는 티켓
TIME 월~일 9:30~19:30(7~8월), 월~일
9:30~18:30(9월) (해마다 조금씩 변동이 있다)
COST 성인 34.50£, 60세 이상 및 학생 31.50£,
17세 이하 19.50£, 5세 이하 무료

스테이트 룸 The State Rooms
버킹엄 궁전 내부에는 775개의 방이 있는데 여
왕이 사용하는 19개의 스테이트 룸 중 일부를 둘
러볼 수 있다.
COST 성인 19.75£, 60세 이상 및 학생 18£, 17세
이하 11.25£, 5세 이하 무료

스테이트 룸 & 가든 하이라이트 투어
The State Rooms and Garden Highlights Tour
COST 성인 28.50£, 60세 이상 및 학생 25.70£, 17
세 이하 17£, 5세 이하 무료

빅벤
Big Ben

런던의 대표적인 상징물인 빅벤은 국회의사당 북쪽 끝
에 우뚝 솟은 시계탑이다. '크다big'라는 뜻에 설계자의
이름인 '벤저민 홀'의 벤Ben을 합친 말로, 처음엔 시계
탑 안 13.5톤에 달하는 종을 부르던 이름이었으나 현재
는 시계탑 전체를 부르는 명칭이 되었다. 1858년에 처음
세워졌으며, 2012년 엘리자베스 여왕 즉위 60주년을 기
념하여 엘리자베스 타워로 개명되었다.

ADD Westminster, London SW1A 0AA
TEL +44-84-4847-1672
HOMEPAGE www.parliament.uk/bigben

국회의사당
Houses of Parliament

세계 최초로 의회제 민주주의를 발달시킨 영국을 상징
하는 건물이다. 1834년에 대화재로 불탄 웨스트민스터
왕궁을 재건하여 역대 왕들의 궁전으로 쓰였다. 의회는
상원과 하원으로 나뉘는데 남쪽에 상원 의사당, 북쪽에
하원 의사당이 있다(회기 기간에는 방청도 가능하며, 회기가
없는 여름철에는 가이드 투어로 관람할 수 있다).

ADD Westminster, London SW1A 0AA
TEL +44-20-7219-4272
TIME 월 13:20~17:30, 화~금 9:20~17:30, 토
9:20~16:30(계절별로 조금씩 변동이 있다)
COST 성인 17.50£, 60세 이상 및 학생 15£, 5~15세
어른 1명과 동행하는 어린이 1명 무료 & 그 외 한 명당
7£, 5세 이하 무료
HOMEPAGE www.parliament.uk

더 몰
The Mall

버킹엄 궁전 앞에서 트라팔가 광장까지 이어지는 더로. 여왕 즉위 기념 BBC 경축 콘서트가 열리고 근위병 교대식이 이루어진다. 근위병 교대식은 버킹엄 궁전과 세인트 제임스 궁전(왕족들이 사는 궁전)의 경호병들이 다른 병사와 교대하는 의식이다. 약 한 시간 정도 이루어지는 진풍경을 보기 위해 수많은 관광객들이 모여드는데 이를 노리는 소매치기들도 있으니 조심해야 한다.

ADD The Mall, London SW 1A
TIME 매일 10:50~12:00(4월~8월) (그 외 시즌에는 시간별로 변동이 있으니 홈페이지에서 미리 확인하고 가는 것이 좋다-)
HOMEPAGE www.changing-guard.com

웨스트민스터 사원
Westminster Abbey

영국 성공회의 중심으로 영국인들은 보통 '수도원The Abbey'이라고 부른다. 1066년 정복왕 윌리엄을 시작으로 현재 엘리자베스 2세 여왕에 이르기까지 대부분 왕의 대관식을 올렸고, 왕실의 결혼식과 장례식도 이곳에서 치렀다. 지하에는 역대 왕들과 셰익스피어, 워즈워스, 찰스 디킨스 같은 문학가와 정치가 윈스턴 처칠, 과학자 아이작 뉴턴과 찰스 다윈 등 영국의 여러 위인들이 잠들어 있다.

ADD 20 Deans Yard, London SW1P 3PA
TEL +44-20-7222-5152
TIME 월~토 9:30~15:30, 수 9:30~18:00, 일 미사 시간만 입장 가능(수요일은 매주 시간이 변동되며. 그 외 계절별 시간 변동 있음)
COST 성인 18£, 60세 이상 및 18세 이상 학생 15£, 11~18세 8£, 11세 이하 무료
HOMEPAGE www.westminster-abbey.org

화이트홀
Whitehall

빅벤에서 트라팔가 광장까지 이어지는 넓은 거리로, 좌우로 재무부, 국방부, 해군본부 등의 정부 기관과 여왕의 근위 기병대 사령부인 '호스 가즈Horse Guards'가 줄지어 있는 관청가다. 특히 총리의 관저가 위치해 있는 것으로 유명한 '다우닝 10번지'도 이 길에서 이어진다.

ADD Whitehall, Westminster, London SW1A

트라팔가 광장
Trafalgar Square

본래 윌리엄 4세 광장이라고 불렸으나 1805년 나폴레옹을 격파한 트라팔가 해전을 기념하기 위해 트라팔가 광장으로 불리기 시작했다. 영국 군의 승리를 이끌며 전사한 넬슨 제독의 동상이 광장 중앙에 하늘 높이 세워져 있다. 대형 광장에서는 다양한 문화 행사나 전시 혹은 집회나 콘서트가 열리기도 해 항상 사람들로 북적거린다. 매년 12월에는 제2차 세계대전 당시 나치의 지배에서 벗어나는 데 도움을 준 것에 대한 감사의 의미로 노르웨이에서 보내준 대형 크리스마스트리가 세워진다.

ADD Trafalgar Square, Westminster, London WC2N 5DN
TEL +44-20-7983-4750
HOMEPAGE www.london.gov.uk/priorities/arts-culture/trafalgar-square

국립미술관
National Gallery

영국 최초의 국립미술관이다. 작품을 안전하게 전시하기 위해 세계 최초로 자동 온도 조절 설비를 갖추덨다. 르네상스 이후 20세기 초반까지 유수의 유럽 회화를 전시하고 있다. 특히 가장 인기 있는 곳은 20세기 작품들이 전시되어 있는 이스트 윙East Wing으로, 고흐의 〈해바라기〉를 비롯하여 모네, 르누아르, 세잔 등 여러 작가의 수작들이 전시되어 있다. 최근 런던 미술관의 수입은 미술관 내의 카페와 레스토랑들이 큰 몫을 담당하는 추세인데, 주로 대영도서관 혹은 유명 미술관이나 공원 등에만 입점하는 식의 입지 선정을 통해 브랜드 이미지 효과를 톡톡히 누리고 있는 외식업체 페이튼 앤드 베이른Peyton and Byrne이 운영하는 내셔널 카페와 다이닝 룸도 가볼 만하다.

ADD Trafalgar Square, London WC2N 5DN
TEL +44-20-7747-2885
TIME 월~목 10:00~18:00, 금 10:00~21:00, 토~일 10:00~18:00
COST 무료
HOMEPAGE www.nationalgallery.org.uk

국립 초상화 미술관
National Portrait Gallery

국립미술관 바로 뒤에 위치해 있다. 초상화와 인물 사진만이 전시되어 있어 다양한 인물상과 인물이 입고 있는 시대별 패션 등을 엿볼 수 있는 특색 있는 미술관이다. 지하에는 천장이 유리로 된 작은 카페가, 옥상에는 영화 〈클로저〉에 등장한 멋진 뷰를 감상할 수 있는 레스토랑이 있다.

ADD St. Martin's Place, London WC2H 0HE
TEL +44-20-7306-0055
TIME 월~수 10:00~18:00, 목~금 10:00~21:00, 토~일 10:00~18:00
COST 무료
HOMEPAGE www.npg.org.uk

테이트 브리튼
Tate Britain

가장 영국적인 미술관이다. 1897년 국립 영국미술관Na-tional Gallery of British Art으로 개관하여 후에 테이트 브리튼으로 명칭이 바뀌었다. 2000년에 테이트 모던이 개관하며 현대미술 작품들은 대부분 그곳으로 옮겨졌고, 현재는 1500년대 이후의 영국 회화 컬렉션을 갖추고 있다. 영국 최고의 풍경화가인 윌리엄 터너JMW Turner의 작품으로 유명하며 그의 전시실이 11개나 있다.

ADD Millbank, London SW1P 4RG
TIME 월~일 10:00~18:00
COST 무료
HOMEPAGE www.tate.org.uk/visit/tate-britain

라 타스카
La Tasca

프랜차이즈 타파스 레스토랑으로, 스페인 요리에 익숙하지 않은 사람들도 부담스럽지 않게 즐기기 좋은 곳이다. 우리의 안주나 밑반찬 같은 개념의 타파스Tapas는 한 접시의 양이 그리 많지 않아 골고루 시켜 먹는 재미가 있다. 스페인 요리는 지역별로 다양한 기후와 문화권의 영향을 받아 지방색이 강한데, 이곳에서는 메뉴마다 어느 지역의 요리인지 친절하게 써놓았다. 오후 7시 이전에 가면 기본으로 나오는 빵이나 샐러드 외에 두 가지(9.95£) 혹은 세 가지(14.95£)의 타파스를 선택할 수 있는 세트 메뉴가 있어 비교적 저렴하게 즐길 수 있다.

ADD Cardinal Place Shopping Centre, 6 Cathedral Walk, London SW1E 5JE
TEL +44-20-7828-5515
TIME 월~일 12:00~23:30
HOMEPAGE www.latasca.com

카페 노츠
Café Notes

국립미술관 측면의 길 건너 골목에 위치한 분위기 좋은 카페. 음악과 커피를 사랑하는 주인이 깊은 커피향이 음표처럼 춤을 추는 공간을 꿈꾸며 만든 멋진 카페다.

ADD 31 St. Martin's Lane, London WC2N 4ER
TEL +44-20-7240-0424
TIME 월~수 7:30~21:00, 목~금 7:30~22:00, 토 9:00~20:00, 일 10:00~18:00
HOMEPAGE notes-uk.co.uk

쿡북 카페
Cook Book Café

우리나라 여성들이 좋아할 만한 런던에서 보기 드문 뷔페식 레스토랑이다. 평일 런치의 마켓 테이블Market Table 뷔페는 저렴한 가격(17£)으로 20여 가지의 메뉴와 각종 디저트를 마음껏 즐길 수 있어 가격 대비 만족도가 높다. 좋은 식재료를 고집하기 때문에 맛도 좋다. 인터콘티넨탈 호텔 내에 위치해 있어 서비스와 분위기도 호텔 레스토랑 수준으로 보장된 곳이다.

ADD 1 Hamilton Place, Park Lane, London W1J 7QY (InterContinental Park Lane 호텔 내에 위치)
TEL +44-20-7318-8563
TIME 월~금 12:00~15:30, 토~일 12:30~15:30
COST 주중 런치 마켓 테이블 뷔페 17£, 주말 브런치 뷔페 49£(토), 55£(일)
HOMEPAGE www.cookbookcafe.co.uk

베리 브로스 앤드 러드
Berry Bros & Rudd

와인 애호가라면 꼭 가봐야 할 곳이다. 영국에서 가장 오래된 와인상이자 무려 3백 년 동안 같은 자리에서 전통을 지켜오고 있는 곳으로 영국에서 가장 기품 있게 와인을 구입할 수 있다. 현재 찰스 황태자 부부가 살고 있는 세인트 제임스 궁전St. James's Palace 건너편에 위치한 이 곳은 근처에 사는 귀족들의 단골 와인상이자 1백 년 넘게 왕실에 와인을 납품하는 로열 워런트 홀더이기도 하다. 5명의 와인 전문가가 엄선하여 보유하고 있는 4천여 종의 와인과 위스키는 10파운드 초반의 저렴한 가격부터 고가의 와인까지 매우 다양하다. 신사적이고 친절한 직원들 덕분에 와인을 구매하는 순간조차도 특별한 느낌이다.

ADD 3 St. James's Street, London SW1A 1EG
TEL +44-20-7022-8973
TIME 월~금 9:00~18:00, 토 10:00~16:00
HOMEPAGE www.bbr.com

그외 본문에 등장한 곳들

· 세인트 제임스 파크 – 36p
· 앨버트 – 213p
· 레드 라이언 – 213p
· 페기 포르센 팔러 – 278p

MAP OF WESTMINSTER

DONDUIT STREET
REGENT STREET
SHAFTESBURY AVE
CHARING CROSS ROAD
ST MARTIN'S LANE
STRAND

Leicester Square

카페 노츠
Café Notes

국립 초상화 미술관
National Portrait Gallery

Piccadilly Circus

HAYMARKET

국립미술관
The National Gallery

트라팔가르 광장
Trafalgar Square

Charing Cross

PICCADILLY
REGENT STREET

쿡북 카페
Cook Book Café

PICCADILLY

Green Park

COCKSPUR ST

NORTHUMBERLAND AVENUE

Embankment

ST JAMES'S STREET

PALL MALL

베리 브로스 앤드 러드
Berry Bros & Rudd

THE MALL 더 몰

Whitehall
화이트홀

VICTORY EMBANKMENT

PARLIAMENT STREET

레드 라이언
Red Lion

St. James's Park
세인트 제임스 파크

Westminster

Westminster Bridge

Buckingham Palace
버킹엄 궁전

BUCKINGHAM GATE

St James's Park

VICTORIA STREET

Big Ben
빅벤

Westminster Abbey
웨스트민스터 사원

Houses of Parliament
국회의사당

앨버트
The Albert

라 타스카
La Tasca

GREAT SMITH STREET

ABINGDON STREET

페기 포르셴 팔러
Peggy Porschen Palour

VICTORIA STREET

Victoria

HORSEFERRY ROAD

MARSHAM STREET

Lambeth Bridge

Westminster Cathedral
웨스트민스터 대성당

ROCHESTER ROW

MILLBANK

N

VAUXHALL BRIDGE ROAD

테이트 브리튼
Tate Britain

CITY & BANK

시티 & 뱅크

런던의 역사가 시작된 경제의 중심지

고대 로마인이 처음 도시를 세운 이곳 시티 지역과 뱅크 지역은 런던의 역사가 시작된 곳으로 오늘날 런던 경제의 중심지로 발전했다. 관광객의 눈길을 끌 만한 화려한 볼거리는 없지만 1천 년이 넘는 시간 동안 도시의 중심이었던 곳이 내뿜는 강한 힘에 압도되는 느낌은 말로 표현하기 힘들다. 영국 성공회의 상징인 세인트 폴 대성당, 넥타이와 수트 차림의 비즈니스맨들이 활보하는 금융가에서 오랜 세월을 지켜온 런던의 뿌리를 발견해보자.

런던 탑
Tower of London

11세기 런던을 장악한 노르만 족의 정복왕 윌리엄은 로마인이 남기고 간 성벽의 기초 위에 거대한 성채를 짓기 시작했다. 그 후 런던 탑은 여러 왕조를 거치며 현재의 모습을 갖추게 되었다. 현재 유네스코 세계문화유산에 등록되어 있는 런던 탑에는 영국 왕실의 피로 물든 역사가 담겨 있다. 중세 시대의 왕궁이었던 이곳은 한때 감옥으로 사용된 적도 있는데, 열두 살에 왕위에 오른 에드워드 5세와 동생 리처드가 이곳에 갇혀 사라졌다가 유해로 발견되었고, 왕위에 오른 지 9일만에 폐위된 제인 그레이Lady Jane Grey가 남편과 함께 처형되었으며, 폭군이었던 헨리 8세의 두 번째 부인 앤 불린Anne Bolyen이 간통죄로 처형된 곳이기도 하다.

한때 국사범의 감옥이자 처형장으로 이용되기도 했으나 현재는 중세 시대 성의 모습을 그대로 갖춘 채 전쟁박물관과 왕실 보물고로 일반인에게 공개되고 있다. 런던 탑 안의 주얼 하우스Jewel House에는 세계 최대 크기의 다이아몬드인 '아프리카의 별'을 비롯하여 1837년에 빅토리아 여왕을 위해 제작된, 2천8백여 개의 다이아몬드와 보석으로 장식된 왕관 등 왕가의 호화로운 보물들이 소장되어 있다.

대화재 기념탑
The Monument

타워브리지
Tower Bridge

ADD City of London, London
EC3N 4AB
TEL +44-84-4482-7777
TIME 화~토 9:00~17:30, 일~
월 10:00~17:30(단 11~2월은
16:30까지 오픈, 12/24~26 &
1/1 휴무)
COST 성인 22£, 60세 이상 및 학
생 18.70£, 16세 미만 11£, 패밀리
(성인 2 & 어린이 3) 59£
HOMEPAGE www.hrp.org.uk/
toweroflondon

1666년 9월 2일 푸딩 레인Pudding Lane의 어느 빵집에서 시작된 불씨는 장장 5일 동안 런던 전역으로 퍼지며 도시를 잿더미로 만들었다. 이 비극적인 런던 대화재를 기념하고자 화재가 발생한 당시의 발화점에서 61.57m 떨어진 곳에 61.57m 높이의 기념탑을 세웠다. 당시의 대화재로 도시 전체의 80퍼센트가 소실되었으며, 그 후 건축가 크리스토퍼 렌Christopher Wren이 도시 전체를 재설계하며 지금의 모습을 갖추게 되었다고 한다. 런던은 그 이후로 목조 건물의 건축이 금지되어 대부분의 건물이 석조로 개량되었다.

ADD Fish Street Hill, London
EC3R 8AH
TEL +44-20-7626-2717

런던의 상징물 중 하나인 개폐식 다리. 산업혁명이 이루어지던 19세기에 큰 배가 다리 밑으로 원활히 지나가도록 하기 위해 고안해냈다. 파리의 에펠탑처럼 설계 당시에는 흉물스럽다는 평가를 받기도 했지만, 현재 런던을 대표하는 상징물로 사랑받으며 수많은 관광객을 끌어들이고 있다. 다리가 열리는 장면을 보면 행운이 생긴다는 속설이 있다.

HOMEPAGE www.tower-bridge.org.uk

세인트 폴 대성당
St. Paul's Cathedral

영국 국교회의 성당으로 다이애나 왕세자비와 찰스 왕세자의 결혼식, 윈스턴 처칠의 장례식 등 많은 국가 행사가 치러진 곳이다. 지하에는 제2차 세계대전 당시 전사한 군인들의 추모비와 성당을 설계한 건축가 크리스토퍼 렌, 넬슨 제독, 나이팅게일, 윈스턴 처칠 등 2백여 명의 유명인들이 잠들어 있다. 성당 앞의 밀레니엄 브리지를 따라 템스 강을 건너면 테이트 모던 미술관으로 이어진다.

ADD St. Paul's Churchyard, London EC4M 8AD
TEL +44-20-7246-8350
TIME 월~토 8:30~16:00
COST 성인 16.50£, 학생 및 60세 이상 14.50£, 어린이(6~17세) 7.50£(일요일은 1층까지 무료 입장)
HOMEPAGE www.stpauls.co.uk

왕립 증권거래소
Old Royal Exchange

뱅크 지역의 중심으로 웅장한 기둥들이 서 있는 고풍스러운 건물이다. 시티 지역 상인의 아들로 태어나 여왕 엘리자베스 1세 밑에서 재정 고문으로 일한 토머스 그레셤Thomas Gresham이 창설해 1571년 여왕 엘리자베스 1세의 칙허를 얻어 왕립 증권거래소가 되었다. 현재는 오피스 건물로 사용되고 있으며, 옛 증권거래소 내부에 레스토랑과 명품 시계·주얼리 브랜드 숍 등이 들어선 풍경이 이색적인 분위기를 만들어낸다.

ADD Royal Exchange, Bank, London EC3V 3LR
TIME 월~금 10:00~18:00(상점), 8:00~23:00(레스토랑&카페)
HOMEPAGE www.theroyalexchange.co.uk

영국은행
Bank of England

영국의 중앙은행으로 근처에 6백여 개의 국제 금융기관이 밀집되어 있어 증권, 외환, 선물거래가 대부분이 근처에서 이루어진다. 한때 금융업이 영국의 주요 산업이던 시절에는 이 지역이 세계 금융의 중심 역할을 했지만, EU통합 정책 이후 브뤼셀과 프랑크푸르트로 그 중심이 넘어갔다. 하지만 여전히 런던 금융의 중심으로 세계 금융에도 큰 영향을 미치고 있다. 내부에는 3백 년 된 은행의 역사, 영국 화폐의 역사 등을 엿볼 수 있는 잉글랜드 은행박물관이 무료로 개방되고 있다.

ADD Threadneedle Street, London EC2R 8AH
TEL +44-20-7601-4444
TIME 월~금 9:00~17:00
HOMEPAGE www.bankofengland.co.uk

바비칸
Barbican

제2차 세계대전 후 파괴된 시가지를 종합적으로 재개발하기 위해 계획된 복합 주거공간으로 주택과 사무실, 도서관, 학교와 문화시설이 한 공간 안에 미로처럼 이루어져 있다. 현재 실패한 계획이라는 평을 받고 있기도 하지만 우리나라에서는 1990년대 말에 등장한 복합 주거공간의 개념을 영국에서는 이미 1970년대에 계획하고 있었음을 보여주는 곳이라는 점에서 의미가 있으며, 현재 보호건축물로 지정되어 있다. 문화 공연장인 바비칸 센터는 기획력이 돋보이는 전시와 공연으로 유명하고, 내부의 푸드홀도 이색적인 공간미를 자랑한다. 바비칸 내부에는 시티 월의 잔해가 일부 남아 있으며, 남서쪽 모서리에는 런던의 역사를 살펴볼 수 있는 런던박물관도 있다.

ADD Silk Street, London EC2Y 8DS
TEL +44-20-7638-4141
TIME 월~토 9:00~23:00, 일 12:00~23:00
HOMEPAGE www.barbican.org.uk

거킨 타워
The Gherkin, 30 St Mary Axe

작은 오이Gherkin를 닮아서 일명 거킨 타워라 불린다. 영국 건축계의 거장 노먼 포스터Norman Foster가 설계한 건물이다. 현재 스위스 르Swiss Re 보험회사의 소유로 오피스 건물로 이용되고 있다. 준공 당시 런던의 도시적 맥락을 고려하지 않았다는 부정적인 평가를 받기도 했지만, 현재는 런던의 스카이 라인에 독창적인 매력을 더해주는 대표적인 랜드마크로 확실하게 자리 잡았다. 게다가 건물 전체의 공기 흐름과 자연 채광을 극대화하여 에너지 절약과 친환경적인 면을 두루 고려한 효율적인 디자인으로 긍정적인 평가를 받고 있다. 다른 도시에 비해 건축물의 높이에 엄격한 제한을 두는 런던에서 매끈한 오이지 모양을 한 거킨 타워의 디자인은 박스형 건물에 비해 일조권 확보에도 효과적이라고 한다. 일반인에게 공개되지 않아 출입은 불가능하다.

ADD 30 St Mary Axe, London EC3A 8EP
HOMEPAGE www.30stmaryaxe.com

로이드 보험사
Lloyd's of London

1688년, 에드워드 로이드가 자신의 커피숍에서 처음으로 보험 사업을 시작하여 오늘날 세계 최대의 보험회사로 발전했다고 한다. 로이드 보험회사의 독특한 건물 디자인은 특히 눈여겨볼 만한데, 파리의 퐁피두 센터를 설계한 건축가 리처드 로저스Richard Rogers가 1978년에 설계했다. 파이프, 계단실, 엘리베이터, 수도관같이 내부에 있어야 할 설비 장치들을 외부에 배치하여 건물 내부를 깨끗하게 유지하는 등 건물의 내부와 외부가 바뀐 혁신적인 디자인이 눈길을 끈다. 일반인에게 공개되지 않아 내부 출입은 불가능하다.

ADD 1 Lime Street, London EC3M 7HA
TEL +44-20-7327-1000
HOMEPAGE www.lloyds.com

원 뉴 체인지
One New Change

프랑스의 유명 건축가 장 누벨Jean Nouvel이 설계한 사무·쇼핑 복합단지로 2010년에 완공했다. 제이미 올리버의 바비큐 레스토랑 바베코아Barbecoa와 고든 램지의 브레드 스트리트 키친Bread Street Kitchen 등 유명 레스토랑들도 입점해 있다. 환경과 건축에 관심이 많은 찰스 왕세자는 원 뉴 체인지 설계 당시 이 건물이 세인트 폴 대성당의 전경을 해친다는 이유로 설계 변경을 요구했고, 그 결과 건물 사이로 세인트 폴이 보이도록 두 개의 건물로 갈라진 현재의 형태가 되었다.

ADD 1 New Change, London EC4M 9AF
TEL +44-20-7002-8900
TIME 월~금 10:00~19:00, 토 10:00~18:00, 일 12:00~17:00
HOMEPAGE www.onenewchange.com

레든홀 마켓
Leadenhall Market

영화 〈해리포터와 마법사의 돌〉에서 해리포터가 지팡이
와 빗자루, 부엉이를 구입하는 상점 거리로 등장했던 곳
이다. 중세 시대에는 어시장으로 성업을 이루던 마켓이
었는데 런던 대화재 때 소실되었다가 1881년 재건되어
오늘날의 화려한 아케이드로 전해 내려오고 있다. 내부
에는 상점과 레스토랑, 펍 등이 있어 점심 시간과 퇴근
시간에는 근처 금융가의 비즈니스맨들로 북적거린다.

ADD Unit-1a, Gracechurch Street, London
EC3V 1LR
TEL +44-20-7332-1523
TIME 월~금 10:00~17:00

스미스필드 마켓
Smithfield Market

서울의 마장동 축산물시장과 같은 육류시장. 스미스필
드 지역에는 10세기부터 가축시장이 들어서서 무려 1천
년의 역사를 자랑한다. 한때 불쾌한 가축의 악취와 오물
등으로 인한 주변 지역의 위생 문제가 거론되면서 도심
으로부터 멀리 떨어진 런던 북부 이즐링턴 지역에 새로
운 가축시장을 열게 되었고, 이곳은 폐허로 전락해 10
년 간 방치되었다.
이후 19세기 후반, 런던 도심 내의 정육점과 마트 그리
고 레스토랑에 신선한 고기를 당일에 공급하기 위한 목
적으로 이 옛 가축시장 터에 새로운 육류시장을 지어 오
늘날 런던의 대표적인 시장이 되었다. 일반인도 육류를
구매할 수 있으며, 아침 일찍 장이 파하기 때문에 늦어도
아침 7시까지는 도착해야 마켓을 두루 둘러볼 수 있다.
근처에는 영화 〈브레이브 하트〉의 실제 주인공인 스코
틀랜드 독립운동의 영웅 윌리엄 월리스William Wallace
가 처형당한 장소가 있으며, 지금은 그 자리에 추모비
가 세워져 있다.

ADD London Central Markets, London EC1A
9PS
TEL +44-20-7248-3151
TIME 월~금 3:00~8:00
HOMEPAGE www.smithfieldmarket.com

세인트 존
St. John

스미스필드 마켓 근처에 위치한 레스토랑으로 새벽마다 스미스필드 마켓에서 공수해 온 신선한 고기로 매일 다른 메뉴를 선보인다. 우설, 돼지 귀, 토끼 콩팥처럼 다소 혐오스러운 부위를 이용한 요리들이 이곳의 대표 메뉴다. 세인트 존에서 직접 만드는 커스터드 도넛은 입에서 살살 녹는다는 표현으로는 부족할 정도로 지금껏 먹어 본 도넛 중 맛이 최고다. 세인트 존의 도넛은 런던의 수많은 베이커리에서도 판매하고 있다. 혹시 런던의 베이커리나 마켓에서 세인트 존 도넛St. John Donuts을 발견하면 꼭 맛보기를 추천한다!

ADD 26 St. John Street, London EC1M 4AY
TEL +44-20-7251-0848
TIME 월~목 11:00~23:00, 금 12:00~23:00, 토 18:00~23:00, 일 12:00~17:00
COST 메인 디시 17£ 내외
HOMEPAGE www.stjohngroup.uk

폴리
The Folly

시티 지역의 인기 레스토랑으로 도심 속 정원같이 자연주의적이고 온화한 느낌을 주는 넓은 매장 인테리어가 돋보인다. 주로 버거, 파스타, 샐러드 등 캐주얼한 메뉴들이 나무 도마나 화분 모양 그릇에 재미있게 담겨 나온다. 점심 시간이나 퇴근 시간 대에 근처 시티 지역에서 근무하는 직장인들에게 인기가 많다.

ADD 41 Gracechurch Street, London EC3V 0BT
TEL +44-84-5468-0102
TIME 월~수 7:30~23:00, 목~금 7:30~1:00, 토 10:00~24:00, 일 10:00~19:00
COST 브런치 10£ 내외
HOMEPAGE www.thefollybar.co.uk

스미스 오브 스미스필드
SOS, Smiths of Smithfield

총 3층으로 된 레스토랑으로 각 층마다 메뉴와 분위기
가 다르다. 1층엔 아메리칸 스타일의 캐주얼한 공간이
있고, 2층에는 칵테일바가, 그 위층으로는 점잖은 다이
닝룸이 있다. 스미스필드 마켓 바로 맞은편에 위치하 있
고 올드 스피탈필즈 마켓에도 체인점이 있다.

ADD 67-77 Charterhouse Street, London
TEL +44-20-7251-7950
TIME 월~토 7:00~17:00, 일 9:30~17:00
(층별로 운영 시간 다름. 일요일은 1층만 오픈)
COST 1층 카페 메인 디시 8£ 내외
HOMEPAGE www.smithsofsmithfield.co.uk

그외 본문에 등장한 곳들

· 포스트맨스 파크 — 39p
· 베아스 오브 블룸스버리(세인트 폴 점, 파링던 점) — 80p

서더크 & 사우스 뱅크

즐거움과 문화가 함께하는 템스 강변로

과거 셰익스피어 등 연극인들의 극장 거리였던 서더크는 한때 도크와 창고가 들어선 항구 도시로 바뀌었다가 결국 쇠퇴하여 장터와 사창가로 퇴색했다. 그러나 디자인 박물관을 시작으로 레스토랑들이 하나둘씩 들어서며 새로운 분위기로 재개발되고 있다. 밀레니엄을 기념해 서더크와 사우스 뱅크를 잇는 산책로인 밀레니엄 마일이 조성되어 템스 강변의 산책 코스가 되었다. 아름다운 템스 강변의 야경은 연인들의 데이트 코스로 사랑받고 있다. 2007년에 세인트 판크라스St. Pancras역으로 역할을 넘기기 전까지 워털루역은 유로스타를 발착하던 역이었다. 당시 워털루역을 중심으로 사우스 뱅크South Bank 지역 전체에 재개발이 진행되어 IMAX영화관, 국립극장, 사우스 뱅크 콘서트 홀 등 근대적인 문화시설이 들어서며 세계 최대의 복합 문화예술센터가 되었다. 겨울에는 템스 강변에 크리스마스 마켓이 서기도 하고, 여름 주말에는 다채로운 거리 공연이 열려 지역의 생기를 더한다. 밀레니엄을 기념하며 1999년에 영국항공이 세운 대관람차 런던아이는 런던의 도시 경관을 한층 경쾌하게 해주었다.

런던아이
London Eye

영국항공British Airways이 밀레니엄을 기념해 1999년에 세운 대관람차. 런던의 아름다운 야경을 담을 수 있는 대표적인 장소로 손꼽힌다. 런던의 고풍스러운 뷰와 놀이공원을 연상시키는 경쾌한 런던아이가 만나 '쿨 브리타니아Cool Britannia'라는 도시의 슬로건처럼 런던을 젊고 세련된 이미지로 떠오르게 하는 랜드마크로 멋지게 자리잡았다.

ADD Riverside Building, County Hall, Westminster Bridge Road, London SE1 7PB
TEL +44-87-1781-3000
TIME 월~일 10:00~20:30(탑승 마감 20:00, 계절별로 조금씩 차이가 있다)
COST 스탠다드(30분 탑승) 기준
성인 19.95£, 어린이(4~15세) 14£, 4세 미만 무료, 패밀리(성인 2 & 어린이 2) 67.91£, 60세 이상 16.50£
* 온라인 예약 시 20% 할인된다.
(우선 탑승권과 일주일, 하루 반복 탑승 티켓, 한 시간 동안 애프터눈 티를 마시며 감상할 수 있는 스페셜 티켓 등 종류와 가격이 다양하다.)
HOMEPAGE www.londoneye.com

구 런던 시청
Old County Hall

웨스트민스터 다리 옆과 런던아이 뒤쪽에 위치한 반원형의 르네상스 양식 건축물. 1986년까지는 런던의 시청이었으며, 2003년에서 2006년 사이에는 현재 첼시로 이전한 사치 갤러리Saatchi Gallery가 있었다. 그 당시 사치 갤러리의 모습은 영화 〈클로저〉에서도 확인해볼 수 있다. 현재는 스페인 화가 달리Dali의 전시관, 런던 던전, 수족관, 런던 필름 뮤지엄, 매리엇 호텔과 레스토랑 등이 들어선 여가시설로 이용되고 있다.

ADD London County Hall, Riverside Building, Westminster Bridge Road, London SE1 7PB
HOMEPAGE www.londoncountyhall.com

사우스 뱅크 센터
South Bank Centre

템스 강변에 위치한 국립극장과 로열 페스티벌 홀, 퀸 엘리자베스 홀, 국립영화관, 헤이워드 갤러리Hayward Gallery를 아울러 사우스 뱅크 센터라 부르며, 런던의 문화·예술·공연의 총 집결지로 불린다. 여름철 템스 강변에는 아이들을 위해 인공 모래사장을 설치해놓으며 그래피티 아트로 뒤덮인 스케이트 보드장에서는 10대들이 묘기를 연출하기도 한다. 국립극장에서는 때때로 수준 높은 클래식 공연이 무료로 열리기도 하고, 주말에는 로열 페스티벌 홀 뒤쪽에서 야외 푸드마켓이 서기도 하며, 퀸 엘리자베스 홀 옥상에는 가든 카페도 있는 등 다양한 연령대가 즐길 수 있는 다양한 문화예술 공연이 열려 런더너들의 생활을 더욱 풍요롭게 해주고 있다.

ADD Belvedere Road, London SE1 8XX
TEL +44-84-4875-0073
TIME 월~일 10:00~23:00
HOMEPAGE www.southbankcentre.co.uk

사우스 뱅크 북 마켓
South Bank Book Market

워털루 다리 아래 위치한 야외 빈티지 북 마켓으로 오래된 책의 향기가 운치를 더한다. 다리 아래에 위치한 덕분에 이곳에 진열된 책들은 시도 때도 없이 비가 오는 런던 날씨의 심술을 피할 수 있다. 다양한 고서적과 중고 음반, DVD, 그림 등을 저렴한 가격에 판매한다.

ADD Belvedere Road, London SE1 7GA
TEL +44-20-8556-4899
TIME 월~일 10:30~18:00

셰익스피어 글로브 극장
Shakespeare's Globe Theatre

셰익스피어의 작품을 공연했던 17세기의 야외 원형극장을 그대로 재현한 곳으로 템스 강변에 위치해 있다. 글로브극장은 엘리자베스 1세 시대에 런던에서 가장 크고 인기 있던 극장으로 〈햄릿〉, 〈리어 왕〉 〈오셀로〉 등 셰익스피어의 작품들이 처음 무대에 오른 곳이기도 하다. 매년 3월에서 10월 사이 공연 시즌에는 조명 시설이 발달하지 않았던 4백 년 전의 분위기를 재현하여 낮에는 자연광, 저녁에는 밤하늘의 별빛과 촛불을 조명 삼아 공연을 하는데, 몇 달 간의 공연이 전부 매진될 정도로 영국인들의 셰익스피어 사랑은 대단하다. 무대 바로 앞의 입석인 야드yard석에서는 5파운드의 저렴한 가격으로 공연을 볼 수 있다. 영화 〈셰익스피어 인 러브〉의 한 장면 같은 모습을 눈앞에서 경험할 수 있는 특별한 기회를 놓치지 말자.

ADD 21 New Globe Walk, Bankside, London SE1 9DT
TEL +44-20-7902-1400
TIME 월~일 10:00~17:30
HOMEPAGE www.shakespearesglobe.com

버틀러스 와프
Butler's Wharf

왠지 뉴욕 브루클린의 덤보를 연상시키는 템스 강변의 창고 건물과 벽돌길의 어두웠던 일대가 맛의 거리로 변하고 있다. 내부만 현대적으로 바꾸고 이 지역이 가진 고유한 분위기와 창고 건물들의 외관은 그대로 보존하여 독특한 멋을 자아낸다. 완전히 쇠퇴해 있던 분우기를 바꾼 것은 라이프스타일의 대가이자 산업디자이너인 테렌스 콘란Terence Conran이다. 이곳에 본사 사무실을 열고 새로운 레스토랑들을 열며 조금씩 손을 댄 후로 고급 맨션 건설 붐이 이는 등 새로운 분위기의 지역으로 변신하고 있다.

ADD Shad Thames, London SE1 2YE

· **칸티나 델 폰테**Cantina Del Ponte
이탈리안 레스토랑으로 야외 테라스 자리에 앉으면 타워브리지와 템스 강이 바로 보인다.

ADD 36 Shad Thames, London SE1 2YE
TEL +44-20-7403-5403
TIME 월~일 12:00~15:00(런치), 18:00~23:00(디너)
COST 2코스 런치 세트 12.50£, 3코스 런치 세트 15.50£, 2코스 디너 세트 18.95£, 3코스 디너 세트 22.95£
HOMEPAGE www.cantinadelponte.co.uk
(홈페이지에서 예약 가능 여부 확인)

· **버틀러스 와프 찹 하우스**Butler's Wharf Chop House
야외 테라스 자리에 앉으면 타워브리지와 템스 강을 바로 볼 수 있다. 런치와 디너 모두 2코스에 21.50파운드(3코스 25£)로 가격 대비 만족도가 높은 곳이다.

ADD 36E Shad Thames, London SE1 2YE
TIME 월~금 12:00~15:00(런치), 18:00~23:00(디너), 토~일 12:00~16:00(런치), 18:00~22:00(디너)
TEL +44-20-7403-3403
HOMEPAGE www.chophouse-restaurant.co.uk

군함 벨파스트
HMS Belfast

제2차 세계대전과 노르망디 상륙작전, 한국전쟁 등에서 활약한 영국 해군의 순양함. 현재는 템스 강변 위에 떠 있는 해양박물관으로 사용되고 있으며, 군함 내부는 견학이 가능하다.

ADD The Queen's Walk, London SE1 2JH
TEL +44-20-7940-6300
TIME 월~일 10:00~18:00(여름 시즌),
월~일 10:00~17:00 (겨울 시즌)
COST 성인 15.50£, 학생 및 60세 이상 12.40£, 어린이(16세 이하) 무료
HOMEPAGE www.iwm.org.uk

골든 하인드
Golden Hinde

현재 템스 강변에 정박해 있는 골든 하인드는 16세기에 스페인의 무적함대를 격파하며 맹활약했던 프란시스 드레이크Francis Drake 선장이 이끈 해적선과 같은 크기의 복제품이다. 노략질이 국부의 원천이던 당시, 무려 정부의 공인을 받은 해적선이다. 스페인의 보물선을 약탈하며 여왕에게 엄청난 부를 안기자 엘리자베스 1세는 해적에게 기사 작위까지 내렸다는 웃지 못할 이야기가 전해 내려오고 있다.

ADD 1 Pickfords Wharf, Clink Street, London SE1 9DG
TEL +44-20-7403-0123
HOMEPAGE www.goldenhinde.com

런던 시청
City Hall

2002년에 지어진 런던의 새 시청. 밀레니엄 브리지와 거킨 타워를 설계한 영국의 유명 건축가 노먼 포스터의 또 다른 대표작으로 친환경, 에너지 효율적인 건축으로 유명하다. 달팽이 혹은 헬맷을 닮은 독특한 외관의 시청 건물 일부는 일반인에게 공개되어 방문이 가능한데, 내부의 나선형 구조가 독특한 볼거리다. 시청에서는 일반인을 대상으로 문화 이벤트 행사도 개최한다. 1층에는 카페도 있어 젊고 개방적인 모습을 보여준다.

ADD Greater London Authority, City Hall, The Queen's Walk, London SE1 2AA
TEL +44-20-7983-4000
TIME 월~목 8:30~18:00, 금 8:30~17:30
HOMEPAGE www.london.gov.uk/city-hall

샤드 빌딩
The Shard

최근 런던의 스카이라인에 새롭게 등장한 87층의 초고층 건물로 서유럽에서 가장 높다. 유명 건축가 렌조 피아노Renzo Piano가 설계했고 런던 올림픽에 맞춰 2012년에 완공되었다. 교회 첨탑을 연상시키는 이 건물은 설계 당시 영국유적단체English Heritage로부터 고풍스러운 도시 경관을 해치는 '유리파편 같은 존재'라며 미움을 받아 실제로 파편, 조각이라는 뜻의 샤드Shard라고 이름이 지어졌다고 한다. 그러나 현재는 런던의 새로운 랜드마크로 자리매김하고 있다. 34~52층에는 샹그릴라 호텔, 31~33층에는 레스토랑이 있고, 법률 회사, 쇼핑 아케이드 등이 들어서 있다.

ADD 32 London Bridge Street, London SE1 9RL
HOMEPAGE www.the-shard.com

· 샤드 빌딩 전망대

건물 68, 69, 72층에 있는 전망대로 도시 전체를 감상할 수 있다. 서유럽에서 가장 높은 건물이라는 명성답게 지금까지의 그 어떤 곳보다 훨씬 높은 곳에서 런던의 전망을 감상할 수 있다.
TIME 월~일 10:00~20:30
COST 성인 29.95£, 어린이(4~15세) 23.95£, 3세 이하 무료
* 예약 시 5£씩 할인된다.

디자인 뮤지엄
Design Museum

바나나 창고로 쓰이던 건물을 개조해 콘란 경이 1989년에 문을 연 세계 최초의 디자인 뮤지엄으로, 오늘날 세계적인 디자인 강국으로 떠오른 영국의 디자인 변천사를 보여준다.

가구, 건축, 그래픽, 산업 디자인 등 모든 형식의 현대 디자인 전시를 하고 있으며 《세상을 바꾼 50가지 시리즈》 등의 디자인 서적을 출판하기도 했다.

ADD 28 Shad Thames, London SE1 2YD
TEL +44-20-7403-6933
TIME 월~일 10:00~17:45
COST 성인 12.40£, 학생 9.30£, 어린이(6세~15세) 6.20£
HOMEPAGE designmuseum.org

버러 마켓
Borough Market

1276년 장이 선 이래 7백 년이 넘는 역사를 가진 영국의 대표 재래시장. 70여 개의 점포 및 간이 판매대에서 판매하는 품질 좋은 식재료들이며 온갖 먹거리가 가득하다. 신선한 과일과 채소, 해산물을 비롯하여 직접 만든 치즈와 빵 등 각종 품평회를 통해 품질이 입증된 물건을 파는 상인들만이 이 시장에 들어올 수 있다. 매년 인스펙터들이 엄격하게 퀄리티를 체크하기 때문에 시장에서 파는 물건들은 늘 최고의 품질을 유지하며, 판매자들도 해박한 지식을 자랑한다. 직거래이기 때문에 소비자들도 마트보다 20~30퍼센트 저렴한 가격에 질 좋은 식재료를 구할 수 있다. 최고의 먹거리가 모인 이곳은 특히 토요일이면 발 디딜 틈 없이 북적거리는데 그 모습조차도 장관이다.

ADD 8 Southwark Street, London SE1 1TL
TEL +44-20-7407-1002
TIME 월~목 10:00~17:00, 금 10:00~18:00, 토 8:00~17:00
HOMEPAGE www.boroughmarket.org.uk

비노폴리스
Vinopolis

창고로 쓰이던 건물을 와인박물관으로 개조했다. 세계
적인 와인 소비량을 자랑하는 영국의 와인에 대한 사랑
과 관심을 보여준다. 세계 대부분의 와인이 전시되어 있
으며, 와인 클래스 및 칵테일 클래스 등 와인과 관련된
다양한 행사가 열리기도 하고, 25파운드에 여섯 종류의
와인을 시음할 수 있는 와인 테이스팅 티켓도 판매한다.
여러 기업의 론칭쇼나 크리스마스 파티 등의 이벤트 장
소로도 사랑받는 곳이다. 내부에는 와인 숍과 와인 전
문 서점 및 다섯 개의 레스토랑과 바가 있어 식사를 하
러 가기에도 좋다.

ADD 1 Bank End, London SE1 9BU
TEL +44-20-7940-8300
TIME 목~토 12:00~22:00, 일 12:00~18:00
HOMEPAGE www.vinopolis.co.uk

그외 본문에 등장한 곳들

· 주빌리 가든 - 39p
· 화이트 큐브 - 52p
· 조지 인 - 212p
· 버몬지 마켓 - 259p
· 테이트 모던 - 300p

CLERKENWELL ROAD
THEOBALD'S ROAD
GRAYS INN ROAD
Farringdon
세인트 존
St. John
베아스 오브 블룸스버리(파링던 점)
Bea's of Bloomsbury
Barbican
스미스 오브 스미스필드
Smiths of Smithfield
ALDERSHATE STREET
스미스필드 마켓
Smithfield Market
Chancery
Lane
HIGH HOLBORN
HOLBORN
ST ANDREW STREET
HOLBORN VIADUCT
FARRINGDON STREET
Holborn
KINGSWAY
포스트맨스 파크
Postman's Park
KING EDWARD ST
ST MARTIN'S LE GRAND
NEW BRIDGE ST
St Pa
St Pau
NEW FETTER LANE
Covent
Garden
St. Paul Cathedr
세인트 폴 대성당
THAMES STREE
Temple
VICTORIA EMBANKMENT
STRAND
LANCASTER PL
VICTORIA EMBANKMENT
Blackfriars
Bridge
Millenniu
Bridge
Waterloo
Bridge
Embankment
사우스 뱅크 북 마켓
South Bank Book Market
Tate Modern
테이트 모던
Hungerford
Bridge
BLACKFRIARS ROAD
STAMFORD STREET
SOUTHWARK STREET
Southbank
Centre
사우스뱅크 센터
주빌리 가든
Jubilee Garden
Waterloo
Southwark
London Eye
런던 아이
YORK ROAD
구 런던 시청
Old County Hall
WATERLOO ROAD
BLACKFRIARS ROAD
SOUTHWARK BRIDGE ROA
Westminster
Westminster
Bridge
WESTMINSTER BRIDGE ROAD
Lambeth
North
BOROUGH ROAD

MAP OF CITY & BANK
SOUTHWARK & SOUTHBANK

바비칸
Barbican

Moorgate

LONDON WALL
LONDON WALL
CITY ROAD
MOORGATE
BISHOPSGATE

NORTONFOLGATE
COMMERCIAL ST

Liverpool
Street

HOUNDSDITCH
CAMOMILE ST

COMMERCIAL ST
WHITECHAPEL HIGH ST

Aldgate
East

Aldgate

ALDGATE HIGH
STREET

스 오브 블룸스버리(세인트 폴 점)
's of Bloomsbury

영국 은행
Bank of England

The Gherkin
거킨 타워

One New Change
원 뉴 체인지

Bank

왕립 증권거래소
Old Royal Exchange

로이드 보험사
Lloyd's of London

Mansion
House

레든홀 마켓
Leadenhall Market

MINORIES
MANSELL ST
LEMAN STREET

PRESCOT ST

GRACECHURCH STREET

폴리
The Folly

ROYAL MINT ST

Tower
Hill

THAMES STREET

대화재 기념탑
The Monument

LOWER THAMES ST
TOWER HILL

EAST SMITHFIELD

런던 탑
Tower of
London

SOUTHWARK BRIDGE ROAD

Southwark
Bridge

KING WILLIAM ST

London
Bridge

Shakespeare's
Globe Theatre
셰익스피어 글로브 극장

비노 폴리스
Vinopolis

골든 하인드
Golden Hinde

군함 벨파스트
HMS Belfast

DUKE ST HILL

버러 마켓
Borough Market

London
Bridge

City Hall
런던 시청

Tower Bridge
타워 브리지

샤드 빌딩
The Shard

SOUTHWARK STREET

조지인
The George Inn

TOOLEY STREET

THOMAS STREET

버틀러스 와프
Butler's Wharf

디자인 뮤지엄
Design Museum

BOROUGH HIGH STREET

Borough

BERMONDSEY STREET

TOOLEY STREET

DRUID STREET

TOWER BRIDGE ROAD

GREAT DOVER STREET

화이트 큐브
White Cube

JAMAICA ROAD

LONG LANE

버몬지 마켓
Bermondsey Market

N

SOHO & MAYFAIR

소호 & 메이페어

패션과 쇼핑 그리고 레스토랑이 모여 있는 생
기 넘치는 런던의 번화가

과거 이민자들의 거주지였던 소호가 현재 젊고 상업적인
분위기라면 메이페어는 대사관과 명품 숍 그리고 옛 대지
주들의 저택을 개조한 고급 호텔이 즐비한 귀족적인 분위
기다. 스트리트마다 다른 역사를 가진 이곳은 오늘날 다양
한 스타일과 가격대의 패션 숍이 밀집한 런던 최고의 패션
중심지이자 쇼핑 번화가로 거듭났다.

피커딜리 서커스
Piccadilly Circus

서커스Circus는 '원형의 교차로'를 의미하는 라틴어 서
클Circle에서 유래되었다고 한다. 오늘날 피커딜리 서커
스는 런던에서 유일하게 화려한 불빛의 현대적인 네온
광고 전광판으로 둘러싸인 곳이다. 광장 가운데 사랑의
화살을 쏘는 에로스 동상 아래는 런더너들의 약속 장소
로 늘 사랑받고 있다.

트로카데로
Trocadero

피커딜리 서커스에 위치한 오락과 유흥의 전당. 좁은 길을 사이에 두고 서 있는 두 동의 건물 중 작은 동은 식당가, 영화관, '믿거나 말거나Ripley's Believe it or not' 스튜디오가 있는 복합 영화관이고, 큰 동은 건물 전체가 체험형 어트랙션 게임 센터다.

ADD 7-14 Coventry Street, Picadilly Circus, London W1D 7DH
TIME 월~목 10:00~24:00, 금~토 10:00~01:00, 일 10:00~24:00
HOMEPAGE www.londontro-cadero.com

리젠트 스트리트
Regent Street

피커딜리 서커스역에서 옥스퍼드 서커스역으로 이어지는 쇼핑 거리로 곡선 대로가 매우 우아하다. 조지 4세 왕 시대에 명성을 떨치며 영국의 대표적인 건축물들을 설계한 건축가이자 도시계획가 존 내시John Nash가 설계한 곳으로 유명하다. 특히 크리스마스 시즌에는 매년 아름다운 조명이 큰 볼거리다. 양옆으로는 상점들이 줄지어 늘어서 있으며 애플, 햄리스 장난감, 나이키 타운 등 유명 브랜드의 플래그십 스토어들이 위치해 있다.

HOMEPAGE www.regent-streetonline.com

카페 로열 호텔
Café Royal Hotel

19세기에 프랑스에서 건너온 와인 상인이 처음 문을 연 '카페 로열'은 당시 유명 배우들과 왕족들이 찾았던 '잇 플레이스'로 명성을 떨쳤다고 한다. 리젠트 스트리트에 위치한 카페 로열은 최근에 '카페 로열 호텔'로 리노베이션하고 1층에 카페를 열었다. 카페 로열 호텔 1층에 위치한 카페는 황금빛 대리석으로 둘러싸인 인테리어가 매우 고급스러우며 구겔호프, 초콜릿 토르테 등 유럽풍 페이스트리 메뉴로 유명하다.

ADD 68 Regent Street, London W1B 4DY
TEL +44-20-7406-3310
TIME 월~일 8:00~18:00
COST 케이크 5£, 커피 5£
HOMEPAGE www.hotelcafer-oyal.com

카나비 스트리트
Carnaby Street

리젠트 스트리트에서 한 블록 안쪽에 있는 카나비 스트리트에는 젊은 패션 거리가 형성되어 있다. 현재는 칩 먼데이Cheap Monday나 디젤 Diesel 등 주로 젊고 캐주얼한 패션 브랜드 숍이 밀집해 있다. 이곳은 1960~70년대 런던의 파격적인 패션의 발상지로 유명했는데, '카나비 스트리트 룩'이라는 단어가 있을 정도로 패션사의 기록에 남는 거리다. 비틀즈로 대변되는 모즈룩, 히피와 펑크룩 등 시대별로 유행했던 젊은이들의 정신과 문화를 담은 음악과 패션의 발상지로, 이곳에서 미니스커트 등 대부분의 시대별 패션 아이콘이 탄생했다. 카나비 스트리트 안에 숨은 골목, 킹리 코트Kingly Court라는 안뜰에는 레스토랑과 패션 브랜드 숍들이 모여 있다.

HOMEPAGE www.carnaby.co.uk

옥스퍼드 스트리트
Oxfcrd Street

마블아치역에서 토트넘 코트 로드역까지 동서로 뻗은 옥스퍼드 스트리트는 유명 백화점 여섯 곳과 패션 브랜드 숍들이 줄지어 있는 런던의 대표적인 쇼핑 거리다. 일 년을 두 시즌으로 나눈 보통의 형식과 달리 일주일에 한 번, 주말에는 시간대별로 빠르게 새로운 상품들이 들어온다고 하여 패스트 패션fast fashion이라 불리는 Zara, H&M, Forever 21, TOPSHOP 등의 중저가 브랜드들이 주로 모여 있다.

HOMEPAGE www.oxford-street.co.uk

본드 스트리트
Bond Street

세계적인 명품 숍들이 즐비한 거리. 마치 뉴욕의 5번가 같은 호화로운 골목이다. 피커딜리 스트리트 쪽에서 시작되는 올드 본드 스트리트에는 1백 년이 넘은 고전적인 영국 명품 잡화점들이 가득한 네 개의 아케이드(벌링턴, 로열, 피커딜리, 프린세스 아케이드)가 있다. 이어지는 뉴 본드 스트리트에는 루이비통, 샤넬, 프라다 등의 대표적인 명품 브랜드들이 골목 양옆으로 늘어서 있다. 이 근처에는 미슐랭 스타를 받은 고급 레스토랑들도 특히 많아서 평균 소득이 높은 메이페어의 부유한 분위기를 느낄 수 있다.

HOMEPAGE www.bondstree-tassociation.com

새빌 로
Savile Row

영국에서 가장 신사적인 거리. 옛부터 맞춤 신사복Bespoke Suits 매장들이 모여 있던 영국 수트의 전통과 역사가 담긴 거리로, 2백 년이 넘은 전통적인 양복 장인들의 거리다. 영국의 유명 패션디자이너 알렉산더 맥퀸도 새빌 로의 양복점에서 견습생으로 테일러링을 배우기 시작해 세계적인 디자이너가 되었다고 한다. 수트가 영국 왕실에서 비롯된 만큼 영국 수트가 세계 신사들의 수트의 기준이라고 하는데, 그 중심지인 새빌 로를 걷다 보면 잘 차려 입은 멋쟁이 영국 신사들을 종종 볼 수 있다.

저민 스트리트
Jermyn Street

새빌 로보다는 좀 더 대중화된 영국 브랜드의 신사복과 셔츠 전문점. 수제화 전문점이 모여 있는 거리. 영국 브랜드의 신사복, 수제화와 셔츠 등을 구입하고 싶다면 이곳을 추천한다. 영국에서 가장 오래된 고급 신사 수제화 '포스터 앤 선Forster&Son'도 이 거리에 있다. 저민 스트리트와 이어진 세인트 제임스 스트리트St. James's Street는 옛부터 귀족과 왕족의 주택가였기 때문에 그들의 단골 가게가 많았는데, 아직까지도 일부가 남아 있다. 2백년 된 영국 최초의 이발소, 귀족들의 향수, 시가 가게 등 신사들의 물품을 파는 가게들을 구경하는 재미를 느낄 수 있다.

HOMEPAGE www.jermyn-street.net

세인트 크리스토퍼스 플레이스
St. Christopher's Place

아기자기한 가게들과 레스토랑, 카페로 둘러싸여 있는 작은 광장. 번잡한 옥스퍼드 스트리트 뒤의 좁은 사잇길에 숨어 있는 오아시스 같은 광장이다. 세인트 크리스토퍼스 플레이스에서 제임스 스트리트 쪽으로 나가면 이탈리아 레스토랑과 노천 카페가 늘어선 거리를 만날 수 있다. 노천 카페에서 커피를 마시며 여유를 즐기는 사람들 속에서 잠시 쉬어 가도 좋다. 특히 햄버거 가게 패티 앤 번Patty&Bun은 항상 긴 줄이 서 있는 맛집으로 쇼핑 후 들르기 좋다.

HOMEPAGE www.stchristophersplace.com

Kaffeine

그레이트 티치필드 스트리트
Great Titchfield Street

옥스퍼드 스트리트 쇼핑가에서 몇 블록 떨어진 곳이라 관광객보다는 근처 회사원들이나 현지인들이 주로 찾는 맛집 골목이다. 근처에 캐나다 방송국 등 텔레비전, 미디어 사무실이 많아 점심 시간이면 특히 붐빈다. 런던에서 손꼽히는 카페 카페인Kaffeine이나 북유럽 카페인 스칸디나비안 키친Scandinavian Kitchen, 빅토리아 시대의 화장실을 개조한 카페 어텐던트Attendant, 브런치로 유명한 라이딩 하우스 카페Riding house café 등 개성 있는 분위기의 레스토랑과 카페가 모여 있다.

셀프리지 백화점
Selfridges&Co.

해러즈 백화점에 이어 영국에서 두 번째로 규모가 큰 영국의 대표적인 하이엔드 백화점이다. 해리 고든 셀프리지Harry Gordon Selfridge가 1909년에 문을 열었다. 특히, 지나는 이의 시선을 사로잡는 셀프리지 백화점의 독특한 디스플레이는 예술적인 경지에 올랐다고 할 만하다. 일찌감치 전시와 진열 방식이 미래의 잠재적 고객을 끌어들이는 중요한 요소임을 깨달았던 셀프리지는 1층에 고급 향수 코너를 배치하고, 전시회 등 문화 이벤트를 백화점 내에 열기도 했다. 이미 1920~30년대에 옥상에 테라스 카페와 정원 그리고 골프 클럽을 설치했으며 손님이 백화점에 최대한 오래 머물도록 하기 위해 조명을 은은한 불빛으로 바꾸고 편안한 소파와 휴게실을 설치하는 등 오늘날 세계 모든 백화점들이 따르는 마케팅 방식이 대부분 그가 이루어놓은 것들이다. 그의 천재적인 백화점 경영의 성공 신화는 〈미스터 셀프리지 Mr.Selfridge〉라는 드라마로 제작되어 영국의 ITV 채널에서 2013년부터 방영 중이다.

ADD 400 Oxford Street, London W1A 1AB
TIME 월~토 9:30~21:00, 일 11:30~18:15
HOMEPAGE www.selfridges.com

리버티 백화점
The Liberty

백화점 전체가 '리버티'만의 고유한 분위기와 스타일을 명확하게 가지고 있어 감각적이고 감성적인 여성들이 사랑하는 고급 백화점. 튜더 양식의 건물 외관과 내부는 1875년 오픈 때의 모습을 그대로 유지하고 있어 오늘날 빈티지한 감성을 자아내는 결정적인 요소가 되었다. 본래 일본과 인도 등에서 수입해온 원단 판매상으로 시작하여 오늘날 페이즐리&꽃무늬 패턴으로 유경한 '리버티 패브릭Liberty Fabric'은 리버티 백화점의 상징적인 아이템으로, 리버티만의 독특한 패턴을 꾸준히 출시하고 있다. 원단과 퀼트 용품을 판매하는 패브릭 코너가 특히 유명하며, 리버티 패브릭으로 만든 쿠션과 옷, 시계, 가방 등도 판매한다.
주로 신예 디자이너의 패션 브랜드부터 다른 백화점에서 흔히 볼 수 없는 브랜드를 선택하는 리버티만의 바잉 buying 센스가 유명하다. 특히 12월의 크리스마스 시즌을 위해 일 년 내내 준비한다는 소문답게 크리스마스 기프트 숍은 특히 가볼 만하다.

ADD 210-220 Regent Street, London W1B 5AH
TIME 월~토 10:00~20:00, 일 10:00~18:00
HOMEPAGE www.liberty.co.uk

존 루이스
John Lewis

싱글족과 2인 가구가 늘면서 그들만의 공간 꾸미기가 열풍이다. 홈&가드닝이 주력 사업인 존 루이스 백화점에서는 저가부터 고가까지 다양한 생활용품과 가구, 가드닝 제품들을 만날 수 있다. 일 년에 두 번 발간하는 무료 카탈로그 〈홈Home〉은 웬만한 인테리어 잡지보다 수준이 높다. 의류와 화장품 코너보다 홈, 생활잡화 코너가 차지하는 공간이 더 넓고 쇼룸도 잘 꾸며져 있어 구경하는 재미가 쏠쏠하다. 왕실에 생활잡화를 납품하는 로열 워런트 홀더이며 자체 브랜드의 전자제품, 가구, 주방용품 등은 영국 주부들 사이에서 품질을 인정받았다.

ADD 300 Oxford Street, London W1A 1EX
TIME 월~수 9:30~20:00, 목 9:30~21:00,
토 9:30~20:00, 일 12:00~18:00
HOMEPAGE www.johnlewis.com

코벤트 가든
Covent Garden

과거 청과물 시장이었던 장터가 365일 활기 넘치는 런던의 대표적인 광장이자 쇼핑가가 되었다. 주변에는 애플 매장을 비롯하여 라뒤레Ladurée 카페, 셰이크 섁 버거Shake Shack Burger 등 인기 레스토랑과 펍, 패션 브랜드 상점 등이 위치해 있어 관광객들의 발길이 끊이지 않는 런던의 대표적인 번화가 중 하나다. 근처의 닐 스트리트Neal Street 주변에도 레스토랑과 상점이 모여 있다.

- 주빌리&애플 마켓 - 257p

벨고
Belgo

벨기에식 홍합 요리 전문점. 맛과 서비스가 좋고 여러 가이드북에 소개되어 항상 손님들로 북적거린다. 테이블마다 양철 냄비 가득 담긴 홍합찜과 감자튀김, 맥주를 시킨 모습을 볼 수 있다. 특히 500g짜리 냄비 가득히 담긴 홍합찜과 곁들여 나오는 감자튀김, 맥주나 탄산음료를 전부 7.95파운드에 맛볼 수 있는 런치 메뉴가 인기다. 세계에서 맥주의 종류가 가장 다양한 나라인 벨기에의 맥주를 78가지나 보유하고 있어 벨기에 맥주 애호가들에게 사랑받는 곳이기도 하다.

ADD 50 Earlham Street, London WC2H 9LJ
TEL +44-20-7813-2233
TIME 월~목 12:00~23:00, 금~토 12:00~23:30, 일 12:00~22:30
HOMEPAGE www.belgo-restaurants.co.uk

몬마우스 커피
Monmouth Coffee

런던에서 가장 유명한 커피 전문점으로 런던의 다른 카페에서도 이곳에서 직접 로스팅한 커피빈을 사다 쓸 정도로 유명세가 높다. 개인적으로 구수한 풍미가 으뜸인 아이스 카페라떼를 추천한다. 버러 마켓에도 분점이 있다.

ADD 27 Monmouth Street, Covent Garden, London WC2H 9EU
TEL +44-20-7232-3010
TIME 월~토 8:00~18:30
COST 커피 2~4£
HOMEPAGE www.monmouthcoffee.co.uk

차이나타운
China Town

런던의 중국 이민의 역사는 빅토리아 시대로 거슬러 올라간다. 원래 이스트엔드에 모여 살던 중국인들이 지금의 소호 지역에 타운을 형성했고, 현재는 유럽에서 가장 큰 규모의 차이나타운이 되었다. 제러드 스트리트Gerrard Street와 라일 스트리트Lisle Street의 두 거리에 중화권의 레스토랑과 슈퍼마켓이 모여 있다.

· 포 시즌스 Four Seasons
로스트 덕과 바비큐 포크로 유명한 곳. 덮밥 메뉴는 근처 직장인들의 점심 메뉴로도 인기가 있다. 퀸즈웨이에도 분점이 있다.

ADD 12 Gerrad Street, London W1D 5PR
TEL +44-20-7494-0870
TIME 월~일 12:00~1:00
COST 2가지 바비큐 콤비네이션 덮밥 7.50£, 3가지 7.80£
HOMEPAGE www.fs-restaurants.co.uk

· 레옹스 레전드 Leong's Legend
현지 맛집 블로그에 여러 번 소개된 대만 요리 전문점이다. 육개장과 비슷한 맛이 나는 '타이완 스파이시 비프 누들(6£)'은 우리 입맛에도 잘 맞는다.

ADD 4 Macclesfield Street, London W1D 6AX
TEL +44-20-7287-0288
TIME 월~일 12:00~22:45
HOMEPAGE www.leongslegends.co.uk

그외 본문에 등장한 곳들

BLOOMSBURY & HOLBORN

블룸스버리 & 홀본

지성인의 숨결이 느껴지는 지역

대영박물관을 제외하고는 특별한 관광 요소가 없어 관광객의 발길이 다소 뜸한 블룸스버리 지역은 현재 여러 대학과 의료 관련 기관들이 위치해 있어 교육적이고 지적인 분위기를 풍기는 곳이다.

17세기에는 부유한 작가와 예술가들이 살던 우아한 지역으로 소설가 버지니아 울프도 이 지역에 살며 '블룸스버리 그룹'이라는 예술가 모임에서 문학 활동을 했으며, 셰익스피어만큼 영국인들에게 사랑받는 작가 찰스 디킨스도 이곳에 있던 법률사무소에서 일하며 기자 생활을 했다고 한다.

경제 활동의 중심지 시티City와 정치의 중심지 웨스트민스터Westminster 두 지역의 경계에 있는 홀본 지역은 '공정한 중립을 지킨다'는 의미로 잉글랜드의 최고법원인 왕립재판소Royal Courts of Justice와 여러 사법 기관, 법률사무소가 집중되어 있다. 런던에 있는 네 개의 법학원이 모두 블룸스버리와 홀본 지역에 있다.

대영박물관
British Museum

세계 3대 박물관 중 하나로 꼽히는 대영박물관은 내과 의사이자 과학자였던 한스 슬론Sir Hans Sloane이 살아생전에 수집한 방대한 수집품을 국가에 기증하면서 시작되었다. 기존의 박물관이 왕실과 교회에 속해 있던 것과 대조적으로 일반인에게 무료로 개방되었으며, 귀족적인 회화 중심의 작품 외에도 다양한 유물과 사물이 박물관에 전시될 수 있다는 것을 보여준 새로운 개념의 박물관이다.

이집트, 그리스, 로마의 고대 문명과 관련된 유물들이 가장 대표적인 전시물로 로제타 스톤과 이집트의 미라, 람세스 2세의 석상과 그리스 신전 부조물과 같은 귀중한 문화유산들은 한때 세계를 호령했던 영국의 전성기를 단편적으로 보여준다. 이는 영국이 나일강 전투에서 프랑스 군을 대파한 후 프랑스가 발굴한 이집트 조각 작품들을 대영박물관으로 옮겨온 것이다.

ADD Great Russell Street, London WC1B 3DG
TEL +44-20-7323-8299
TIME 월~목 10:00~17:30, 금 10:00~20:30, 토~일 10:00~17:30
COST 무료
HOMEPAGE www.britishmuseum.org

대영도서관
British Library

대영박물관 개관 초기에 국왕 조지 2세와 여러 백작들이 고문서와 장서를 기증하자 갈수록 늘어나는 수집품의 양을 감당할 수 없어 기증받은 장서들을 옮기기 위해 세워졌다. 현재 영국에서 발행된 모든 서적은 물론, 비틀즈 멤버들이 손으로 직접 쓴 악보, 셰익스피어의 원고, 민주주의의 시초가 된 마그나 카르타Magna Carta(대헌장) 등의 진귀한 문서들도 다수 소장하고 있다. 신분증을 지참하고 신청서를 작성하면 누구나 열람이 가능하다.

ADD 96 Euston Road, London NW1 2DB
TEL +44-84-3208-1144
TIME 월~목 9:30~20:00, 금 9:30~18:00,
토 9:30~17:00, 일 11:00~17:00
HOMEPAGE www.bl.uk

샬럿 스트리트
Charlotte Street

피츠로이 태번이 위치한 골목으로 고급 일식당 로카Roka, 미슐랭 레스토랑 피에어테르Pied a Terre, 대보어스Dabbous 등 유명 레스토랑과 카페들이 줄지어 늘어서 있다.

· **코바**Koba
모던하고 깔끔한 인테리어로 밖에서 보면 한식당인지 모르고 지나칠 정도지만, 음식만큼은 철저히 한식 코드를 그대로 담았다. 규모는 크지 않지만 타임아웃지에서 맛집으로 선정되었을 정도로 2005년 오픈 이래 런더너들에게 꾸준히 인기를 끌고 있다.

ADD 11 Rathbone Street, London W1T 1NA
TEL +44-20-7580-8825,
TIME 월~토 12:00~14:30(점심),
월~일 18:00~22:30(저녁)
COST 메인 디시 10£ 내외

토트넘 코트 로드
Tottenham Court Road

· 탭 커피 Tap Coffee

런던의 커피 마니아들이 선정하는 〈베스트 카페 리스트〉에 매년 빠지지 않고 등장하는 곳이다. 스퀘어 마일 Square Mile이라는 영국의 유명 로스터의 커피빈을 사용한다고 한다. 바리스타들도 매우 친절하고 지역 특성상 스마트해 보이는 젊은 런더너들이 주로 찾는 곳으로 커피 향과 무척이나 잘 어울린다. 번지수로 이름을 딴 세 개의 지점이 모두 근방에 모여 있으니 블룸스버리 지역에 왔다면 꼭 들러보자.

HOMEPAGE www.tapcoffee.co.uk

No.26 점
ADD Rathbone Place, London W1T 1JD
TIME 월~금 8:00~19:00, 토 10:00~18:00

No. 114 점
ADD Tottenham Court Road, London W1T 5AH
TIME 월~금 8:00~19:00, 토 10:00~18:00

No. 193 점
ADD Wardour Street, London W1F 8ZF
TIME 월~금 8:00~19:00, 토 10:00~18:00, 일 12:00~18:00

구지 스트리트 Goodge Street역에서 북쪽으로 이어지는 토트넘 코트 로드 Tottenham Court Road에는 종합 인테리어 생활용품 매장들이 줄지어 늘어서 있다. 자기만의 공간을 예쁘게 꾸미고 싶은 싱글족이나 홈 인테리어에 관심이 많은 사람이라면 좋아할 만하다. 세련되고 심플한 디자인 가구, 주방용품, 욕실용품 등 중저가 제품부터 고가의 수입 디자인 제품까지 모두 한 곳에서 구경할 수 있다.

· 페이퍼 체이스 Paperchase

영국에서 자주 만날 수 있는 팬시점이지만 토트넘 코트 로드의 매장은 특별하다. 총 3층의 매장에는 귀여운 일러스트가 돋보이는 각종 팬시용품부터 베이킹, 파티용품, 인테리어 소품 등 아기자기하고 감성적인 생활용품을 판매하며, 안에는 카페도 있다. 시간 가는 줄 모르고 구경할 정도로 개인적으로도 매우 좋아하는 곳이기도 하다.

ADD 213-215 Tottenham Court Road, London W1T 7PS
TEL +44-20-7467-6200
TIME 월~금 8:30~20:00, 토 9:00~19:00, 일 12:00~18:00
HOMEPAGE www.paperchase.co.uk

· 타이거 Tiger

덴마크의 다이소 혹은 천냥백화
점이라 불리는 저가의 생활용품
점으로 일본과 유럽에 295개의
매장을 가지고 있다. 가격은 저
렴하지만 북유럽의 감성을 놓치
지 않았다. 규모는 크지 않지만
동선을 이용한 매장 구조가 재미
있는 곳이다.

ADD 241-242 Tottenham
Court Road, London W1T
7QX
TIME 월~금 10:00~21:00, 토
10:00~19:00, 일 11:00~17:00
HOMEPAGE www.tiger-
stores.co.uk

· 해비탯 Habitat

영국 라이프 스타일의 대부인 산
업디자이너 테렌스 콘란 Terence
Conran이 1964년에 설립한 인테
리어 생활용품점이다. 가구, 조
명, 주방용품, 인테리어 소품 등
세련된 런던의 산업디자인을 엿
볼 수 있는 물건들이 많다. 가격
대는 다소 높은 편이지만 자사
브랜드의 합리적인 가격대의 물
건도 꽤 많다.

ADD 196-199 Tottenham
Court Road, London W1T
7PJ
TEL +44-84-4499-1122
TIME 월~수 10:00~19:00,
목 10:00~20:00, 금~토
10:00~19:00, 일 12:00~18:00
HOMEPAGE www.habitat.
co.uk

· 힐스 Heal's

1818년에 존 해리스 힐 John Har-
ris Heal이 설립해 현재까지 2백
년 가까이 같은 장소에서 영국
최고의 가구점으로 명성을 이어
가고 있다. 힐 앤 선 Heal&Son이
라고 써 있는 역사적인 건물 안
에 해비탯 매장과 서로 마주 보
고 있지만 해비탯보다 가격대가
높고 디자이너 브랜드 위주의 가
구와 생활용품이 많다. 2층에는
작은 카페도 있다.

ADD The Heal's Building,
196 Tottenham Court Road,
London W1T 7LQ
TEL +44-20-7636-1666
TIME 월~수 10:00~19:00,
목 10:00~20:00, 금~토
10:00~19:00, 일 12:00~18:00
HOMEPAGE www.heals.
co.uk

플릿 스트리트
Fleet Street

홀본 지역에 속해 있는 플릿 스트리트는 1980년대까지 신문사 거리로 명성을 떨치며 영국의 대표적인 신문사, 잡지사, 출판사의 사무실이 모두 모여 있던 곳으로 한때 '잉크의 거리'로 불리기도 했다. 그후 대부분의 사무실들이 와핑Wapping, 카나리 와프Canary Wharf, 사우스 뱅크South Bank 지역으로 옮겨 가 지금은 옛 명성을 잃은 지 오래지만 왕립재판소를 비롯하여 16~18세기의 오래된 건물들을 구경할 수 있는 '법과 저널리즘의 고향'이다. 길을 따라 동쪽 끝까지 가면 세인트 폴 대성당을 만날 수 있다.

· **트와이닝스 티 숍&뮤지엄**Twinigs Tea shop and Museum

1706년 토머스 트와이닝Thomas Twining이 문을 연 이래 10대째 내려오는 티 숍이다. 트와이닝스는 영국에서도 가장 오래된 홍차 브랜드로 티 숍은 지금껏 그 거리에서 같은 로고를 고집해오고 있다. 일반 마트에서 볼 수 없는 트와이닝스의 모든 티를 판매하며 매장 안쪽에는 이곳의 역사를 엿볼 수 있는 전시 공간과 티 테이스팅 코너가 있다. 단, 티 테이스팅은 예약을 해야만 참여할 수 있다. 트와이닝스는 최근 서울의 가로수길에도 티룸을 열어 관심을 끌고 있다.

ADD 216 Strand, London WC2R 1AP
TEL +44-20-7353-3511
TIME 월~금 8:00~19:30, 토 10:00~17:00, 일 10:00~16:00
HOMEPAGE twinings.co.uk

- **템플**The Temple

플릿 스트리트와 나란히 흐르는 템스 강변 사이에 위치한 '템플'은 잠시 다른 세상에 온 듯한 기분이 들게 만드는 곳이다. 영화 〈다빈치 코드〉에서 소피의 비밀의 밝혀지는 마지막 장소로 등장하는 템플 처치가 이 안에 '숨어 있다'고 말하는 것이 적절할 정도로, 템플 처치로 향하는 길은 좁은 길들이 미로처럼 복잡하게 얽혀 있어 길을 잃기 십상이다. 또한 템플 안에는 그 대부터 내려오는 영국의 4대 법학원 중 두 곳인 '이너 템플Inner Temple'과 '미들 템플Middle Temple'이 있으며, 올리버 크롬웰, 마거릿 대처, 찰스 디킨스 등 쟁쟁한 인물들이 이곳의 멤버였다. 처음 접하는 이들에게는 모든 것이 어렵고 어리둥절하기만 하지만, 기독교와 법학 그리고 영화 〈다빈치 코드〉에 관심 있는 사람이라면 최고의 관광 코스가 될 숨은 명소다.

ADD Temple, London EC4Y 7BB(길을 잃기 쉬우니 플릿 스트리트의 이정표를 잘 보고 따라가자)
TEL +44-20-7353-8559
TIME 월~토 11:00~14:00
HOMEPAGE www.templechurch.com

그외 본문에 등장한 곳들

- 코톨드 갤러리 – 49p
- 존 손 경 박물관 – 51p
- 윰차(토트넘 스트리트점) – 77p
- 티 앤드 태틀 – 80p
- 베아스 오브 블룸스버리(블룸스버리 본점) – 80p
- 피츠로이 태번 – 212p
- 지 올드 체셔 치즈 – 213p
- 딜러니 – 279p
- 김치 투고(뉴 옥스퍼드 스트리트 점) – 289p

MAP OF SOHO & MAYFAIR
BLOOMSBURY & HOLBORN

ALBANY STREET
EUSTON ROAD
대영도서관
The British Library
Euston Square
Warren Street
GRAFTON WAY
GOWER STREET
MARYLEBONE ROAD
Regent's Park
Great Portland Street
탭 커피 114
Tap Coffee No.114
해비탯
Habitat
힐스
Heal's
Baker Street
샬럿 스트리트 Charlotte Street
TOTTENHAM COURT ROAD
움차
(토트넘 스트리트 점)
Yumchaa
Goodge Street
페이퍼 체
Papercha
Great Titchfield Street
그레이트 티차필드 스트리트
어텐던트
Attendant
GOODGE STREET
MORTIMER ST
피츠로이 태번
Fitzroy Tavern
타이거
Tiger
칠턴 파이어 하우스
Chiltern Fire House
월리스 컬렉션
Wallace Collection
코바
Koba
탭 커피 26
Tap Coffee No.26
PORTLAND PLACE
폴 로더 앤드 선
Paul Rothe&Son
GREAT PORTLAND ST
Tottenham Court Road
WIGMORE STREET
LANGHAM PL
카티롤
Kati Roll
탭 커피 193
Tap Coffee No.193
움차 (소호 점)
Yumchaa
Patty + Bun
London's WORST kept secet
St.Christopher Place
세인트 크리스토퍼 플레이스
존 루이스
John Lewis
Oxford Circus
OXFORD STREET
포토그래퍼스 갤러리
Photographer's Gallery
비비고
Bibigo Bar & Dining
프린치
Princi
PORTMAN SQ
셀프리지 백화점
Selfridges&Co.
OXFORD STREET
Bond Street
풀론 스트리트 소셜
Pollen Street Social
The Liverty
리버티 백화점
카나비 스트리트
Carnarby Street
본 대디스
Bone Daddies
시크릿 티
Secr
Tearoo
OXFORD STREET
쇼류 라멘(카나비 점)
Shoryu Ramen
카멜리아스
Camellia's
라사 사양
Rasa Sayang
Trocade
REGENT STREET
본드 스트리트 Bond Street
Savile Row
새빌 로
쇼류 라멘(소호 점)
Shoryu Ramen
카페 로열 호텔
Café Royal Hotel
트로카데
Piccadilly Circus
PARK LANE
PIccadilly Circus
피커딜리 마켓
Piccadilly Market
피커딜리 서커스
HAYMAR
포트넘 앤 메이슨
Fortnum & Mason
PICCADILLY
ST JAMES'S STREET
Green Park
Jermyn Street
저민 스트리트
쇼류 라멘
(리젠트 스트리트)
Shoryu Ramen
PALL MALL
Hyde Park Corner

TAVISTOCK SQ
JUDD STREET
GUILFORD STREET
GRAYS INN ROAD
CALTHORPE ST
ROSEBERY AVENUE
FARRINGDON STREET
Russell Square
THEOBALD'S ROAD
SOUTHAMPTON ROW
베아스 오브 블룸스버리
Bea's of Bloomsbury
THEOBALD'S ROAD
GRAYS INN ROAD
FARRINGDON STREET
THEOBALD'S ROAD
British Museum
대영 박물관
BLOOMSBURY WAY
Chancery Lane
HOLBORN
BLOOMSBURY ST
티 앤드 태틀
Tea and Tattle
HIGH HOLBORN
HIGH HOLBORN
Holborn
즌 손 경 박물관
Sir John Soane's Museum
NEW OXFORD ST
김치 투고
(뉴 옥스퍼드 스트리트점)
Kimchee To Go
KINGSWAY
NEW FETTER LANE
FARRINGDON STREET
SHAFTESBURY AVENUE
몬마우스 커피
Monmouth Coffee
벨고
Belgo
트와이닝스 티 숍&뮤지엄
Twinigs Tea shop and Museum
지 올드 체셔 치즈
Ye Olde Cheshire Cheese
Fleet Street
CHARING CORSS ROAD
코벤트 가든
Covent Garden
Covent Garden
딜러니
Delauna
프림로즈 베이커리(코벤트 가든 점)
Primrose Bakery
ALDWYCH
The Temple
탬플
클로 마지오레
Clos Maggiore
주빌리&애플 마켓
Jubilee&Apple Market
코톨드 갤러리
Courtauld Gallery
Leicester Square
램 앤 플래그
Lamb&Flag
Temple
VICTORIA EMBANKMENT
차이나 타운
China Town
김치 투고(스트랜드 점)
Kimchee To Go
Blackfriars Bridge
ST MARTIN'S PL
STRAND
LANCASTER PL
비비 베이커리
BB Bakery
VICTORIA EMBANKMENT
Waterloo Bridge
WHITEHALL
COCKSPUR ST
NORTHUMBERLAND AVE
Embankment
STAMFORD STREET
Charing Cross
BLACKFRIARS ROAD
N
Waterloo
WATERLOO ROAD
YORK ROAD
Southwark
THE CUT

SHOREDITCH & HOXTON & HACKNEY

쇼디치&혹스톤&해크니

무질서하지만 자유분방한 영혼들의 집결지

런던 동부의 이스트엔드East End 지역은 코크니Cockney 라 부르는 노동자 계급이 모여 사는 곳으로 런던의 다른 지역들에 비해 개발이 다소 뒤처진 지역이었다. 본래 동유럽에서 이민 온 유대인들이 의류나 제화업 등의 수공업, 상업 분야에 종사하며 마을을 형성하기 시작했고 후에 이들이 영국 사회에 성공적으로 적응하며 점차 웨스트엔드로 이동하자 그 빈자리에 인도계와 카리브해 이민자들이 터를 잡으며 다양한 문화가 섞여 독특한 분위기를 형성하기 시작했다.

임대료가 저렴한 이 지역은 가난한 예술가들이 둥지를 틀기 좋은 곳이었고, 특히 쇼디치Shoreditch 지역은 서울의 홍대 앞과 상수동처럼 오늘날 상업과 예술, 문화가 공존하는 젊고 자유분방한 젊은이들의 아지트가 되었다. 그래피티로 뒤덮인 골목길을 뛰어다니며 주체할 수 없는 젊음과 반항기를 노래한 지드래곤의 노래 〈삐딱하게〉의 뮤직비디오 촬영지이기도 했던 이곳에서 젊고 트랜디한 그들의 감각을 느껴보는 것은 어떨까?

그래피티 아트와 뱅크시
Graffiti Art & Banksy

담벼락에서 심심치 않게 그래피티를 마주할 수 있을 정도로, 이스트엔드 지역은 런던에서 가장 활발한 그래피티 아트 지역이다. 벽에 그린 단순한 낙서로 취급받던 그래피티가 최근 새로운 예술 분야로 인정받고 있다. 그 중 뱅크시Banksy는 경매시장에서 그의 작품이 수억 원대에 거래될 정도로 세간의 주목을 받고 있는 영국의 그래피티 아티스트다.

뱅크시는 주로 사회를 풍자하고 조롱하는 메시지가 담긴 작품을 밤새 몰래 그려놓고 사라지거나, 대영박물관에 그의 작품을 도둑전시하는 등 게릴라 형식으로 활동한다. 그는 세상에 알려진 신상 정보가 없어 대중에게 더욱 호기심을 일으키고 있다. 얼굴 없는 '아트 테러리스트'로 불리는 그의 작품이 세간의 화제가 되자 '뱅크시 투어' 관광 상품이 등장하기도 하고, 그가 작품을 남긴 벽면의 건물주가 소유권을 주장하며 벽을 뜯어내기도 하는 등 재미난 해프닝들이 끊이지 않는다.

브로드웨이 마켓
Broadway Market

- **그래피티 아트가 밀집한 이스트엔드의 주요 거리**
Holywell Lane, Curtain Road, Red church
Street, Great Easter Street, Rivington Street,
Commercial Street
- **쇼디치 지역의 그래피티 아트의 사진과 위치**
shoreditchgraffiti.co.uk
- **뱅크시의 홈페이지** www.banksy.co.uk
- **뱅크시의 작품 사진과 지도**
banksystreetart.tumblr.com

브로드웨이 마켓이 서는 해크니 지역은 최근 쇼디치 지역이 부상하면서 높아진 임대료를 피해 북쪽으로 이동한 젊은 아티스트와 디자이너들의 거주 지역으로 새롭게 떠오르고 있다. 관광객들에게는 잘 알려지지 않은 작은 스트리트 마켓이지만 장이 서는 토요일은 골목 가득 빈티지 옷과 잡화 그리고 그릴에서 지글지글 굽는 소시지, 통돼지 바비큐, 달콤한 패스츄리 등 다양한 스트리트 푸드 스톨들이 들어선다. 골목 양옆으로는 책방, 펍, 와인 숍 등 상점들도 있다. 근처 런던 필즈 London Fields 공원에는 잔디밭에 앉아 브로드웨이 마켓에서 사온 음식들을 먹으며 느긋하게 토요일 오후를 즐기는 사람들이 많다. 브로드웨이 마켓 서쪽은 리젠트 캐널 Regent's Canal과 만나는데, 수로 위에 떠 있는 알록달록한 배 위에서 생활하는 사람들의 이색적인 모습도 구경할 수 있다.

ADD Broadway Market, London E8
TIME 토 9:00~17:00
HOMEPAGE www.broadwaymarket.co.uk

브릭 레인
Brick Lane

'브릭 레인'은 올드 스피탈필즈 마켓에서 도보로 5분 거리에 위치한, 남북으로 뻗은 긴 도로다. 과거 이 지역의 벽돌과 타일을 생산하던 공장에서 유래된 지명으로, 오늘날 이스트엔드 지역에서 가장 유명한 거리가 되었다. 근처 화이트 채플White Chaple과 더불어 현재 방글라데시 이민자들의 중심 거주 지역인 브릭 레인은 한버리 스트리트Hanbury Street를 기준으로, 남쪽으로부터 인도와 방갈리 레스토랑들이 타운처럼 줄지어 있고, '방갈리 타운'이 끝날 때쯤 이어지는 북쪽은 빈티지 아이템과 패션의 중심지다. 과거 올드 트루먼즈 양조장 부지에는 빈티지 마켓과 의류 숍, 레스토랑이 들어서 있다.

ADD Brick Lane, Shoreditch, London E1 6PU
HOMEPAGE www.visitbricklane.org

- **빈티지 마켓** – 258p
- **올드 트루먼 마켓** – 258p

에이스 호텔 쇼디치
Ace Hotel Shoreditch

외관은 영락없는 오피스 건물처럼 지루하게 생겼지만 호텔 로비와 라운지는 딱딱함을 찾아볼 수 없을 정도로 매우 젊은 감각과 자유로운 분위기로 꾸며져 있다. 런던의 유명 로스터인 스퀘어 마일Square Mile의 커피를 공수해서 쓰는 자유로운 분위기의 카페 불도그 에디션Bulldog Edition에 앉아 쇼디치 멋쟁이들처럼 커피 한 잔을 주문해보자.

ADD 100 Shoreditch High Street, London E1 6JQ
TEL +44-20-7613-9800
TIME 6:30~18:00
HOMEPAGE www.acehotel.com

혹스톤 스퀘어와 레드 처치 스트리트
Hoxton Square&Red Church Street

레스토랑과 숍, 클럽 등이 주로 이 두 곳 근처에 모여 있다.

· 앨비언 Albion
빅토리아 시대에 창고로 쓰이던 건물을 개조한 바운더리 호텔 1층에 있는 카페 겸 식재료 매장으로 전체적인 콘셉트를 산업디자이너 테렌스 콘란이 맡아 유명해졌다. 지금은 서울에도 식재료 매장과 카페의 복합 공간이 많이 등장했지만 2008년 당시에는 사로운 시도로 화제가 되었다고 한다. 카페에서는 영국의 전통 음식을 판매하는데, 맛도 좋은 편이다.

ADD 2-4 Boundary Street, Shoreditch,
London E2 7DD
TEL +44-20-7729-1051
TIME 월~일 8:00~12:30(런치), 15:00~17:30(디너)
COST 메인 디시 8~11£
HOMEPAGE www.albioncaff.co.uk

· 메종 트로와 가르송 Maison Trois Garcons
카페와 빈티지 패션 소품, 인테리어 소품 숍이 어우러져 있는 이색적인 공간이다. 브랙퍼스트 메뉴, 샌드위치, 케이크 등의 간단한 음식과 커피, 차를 팔며 가격도 저렴한 편이다.

ADD 45 Red Church Street, London E2 7DJ
TEL +44-20-3370-7761
HOMEPAGE www.lestroisgarcons.com/shop

포 마일
Pho Mile

혹스톤 지역에 속한 킹스랜드 로드Kingsland Road에는 베트남 레스토랑들이 모여 있어 일명 '포 마일'로 불린다. 뜨끈한 쌀국수가 생각나는 날에는 저렴한 가격에 맛있는 쌀국수를 맛볼 수 있는 런던 속 작은 베트남, 포 마일로 떠나보자.

· 아트 워즈 북 숍 Art Words Book Shop

사진, 그래픽 디자인, 패션, 건축 등 현대미술 분야와 관련된 아트북 전문 서점, 지하에서는 할인 서적도 판매한다.

ADD 69A Rivington Street, London EC2A 3AY
TEL +44-20-7729-2000
TIME 월~토 10:30~19:00, 일 12:00~18:00
HOMEPAGE www.artwords.co.uk

· 송 큐 카페 Song Que Café

포 마일의 수많은 베트남 레스토랑 중 가장 유명한 곳. 10년 넘게 문전성시를 이루고 있는 비결은 깔끔한 맛과 대부분의 메뉴가 9파운드를 넘지 않는 저렴한 가격이다. 쌀국수 외에도 피시 소스를 부어 먹는 차가운 쌀국수 분짜Bun Cha도 추천한다.

ADD 134 Kingsland Road, London E2 8DY
TEL +44-20-7613-3222
TIME 월~금 11:30~15:00(런치), 17:30~23:00(디너), 토 17:30~23:00, 일 11:30~23:00
COST 쌀국수 8~9£
HOMEPAGE www.songque.co.uk

케밥 거리
Stoke Newington Road

· 타이 도 Tay Do

킹스랜드 로드를 사이에 두고 카페와 레스토랑이 마주 보고 있다. 서비스가 다소 불친절하다는 평가를 받기도 하지만 메뉴의 가격이 대부분 6~7파운드 선이라 부담 없고 가격 대비 합격점이라 할 만한 맛이다. 특히 매콤 달콤한 쌀국수 199번Rice Vermicelli with tofu, Chilli and Lemon Grass이 인기 메뉴다.

ADD 64 Kingsland Road, London E2 8AG
TEL +44-20-7739-0966
TIME 월~일 11:30~23:30
HOMEPAGE www.taydo.co.uk

댈스턴Dalston 지역에 속한 스토크 뉴잉턴 로드Stoke Newington Road는 터키인들의 모여 사는 지역으로 이슬람 사원과 케밥집이 거리에 줄지어 있다. 관광객의 발길이 드문 이 지역은 이방인에게 위험할 수도 있으므로 꼭 낮에 다니기를 권한다. '꼬챙이에 끼워 불에 구운 고기'라는 뜻의 케밥은 세계 3대 미식 대국인 터키의 대표적인 요리로 재료와 조리 방법에 따라 2~3백여 가지나 된다고 한다. 본토 맛에 가까운 케밥을 먹을 수 있는 케밥집이 많다.

· 망갈II Mangal II

이스탄불에서 런던으로 이민 온 요리사가 30년 전에 처음 레스토랑을 열어 2호점까지 냈다. 터키어로 '석쇠에 구운 꼬치'라는 뜻의 '오작바시ocakbasi' 전문점으로 주문 즉시 바로 석쇠에 구워준다. 주인이 추천하는 메뉴는 다진 양고기를 빚어 만든 꼬치구이인 아다나 코프테Adana Kofte로 양고기 특유의 잡내가 나지 않으며 촉촉하고 담백한 맛이 일품이다.

ADD 4 Stoke Newington Road, London N16 8BH
TEL +44-20-7254-7888
TIME 월~일 11:30~23:40
HOMEPAGE www.mangal2.com

그외 본문에 등장한 곳들

· 제프리 뮤지엄 – **53p**
· 콜롬비아 로드 플라워 마켓 – **221p**
· 빈티지 헤븐 – **255p**
· 타얍스 – **286p**
· 반 미 11 – **287p**
· 타운 홀 호텔 – **299p**
· 올드 스피탈필즈 마켓 – **258p**
· 올드 트루먼 브루어리 – **301p**
· 올드 트루먼 마켓 – **258p**

MAP OF SHOREDITCH & HOXTON & HACKNEY

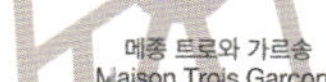

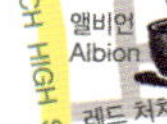

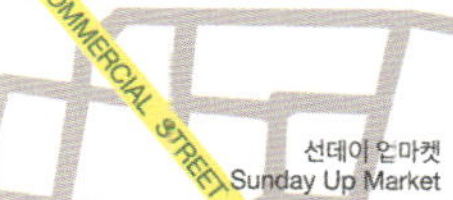

KENSINGTON & CHELSEA

켄싱턴 & 첼시

부유한 런더너들의 여유 넘치는 주택가

하이드 파크에 인접한 나이츠 브리지knightsbridge는 최고급 맨션들이 들어선 부유한 지역이다. 특히 최근에는 카타르의 왕자, 러시아의 석유 재벌, 인도 출신 철강 재벌에 중국계 부호까지 수퍼 리치라 불리는 세계 억만장자들이 자국의 세금 정책을 피해 부동산 투기의 대상으로 삼으면서 부동산 투기 붐이 일고 있다. 하이드 파크 남쪽의 사우스 켄싱턴은 자연사박물관과 과학박물관, 빅토리아 앨버트 박물관이 있는, 예술과 교육 그리고 부를 고루 갖춘 지역이다.

템스 강 북서쪽에 위치한 첼시, 켄싱턴, 베이스워터 지역도 전체적으로 부유한 런더너들의 거주 지역이다. 관광지는 아니지만 지역마다 하이 스트리트High street라 불리는 번화가에 상점들과 레스토랑들이 모여 있어서 볼거리가 많다.

사우스 켄싱턴
South Kensington

북쪽으로 나이츠 브리지, 남쪽으로 첼시, 동쪽으로 슬론 스퀘어를 접하고 있는 주택가다. 사우스 켄싱턴역 주변으로는 중저가의 레스토랑들이 몰려 있고, 자연사박물관과 과학박물관, 빅토리아 앨버트 박물관 등이 모두 걸어서 갈 수 있는 거리에 있어서 관람 후에 머물기도 좋다. 근처의 월턴 스트리트Walton Street에는 리넨, 인테리어 소품점, 패션 잡화점 등 주택을 개조한 개성 있는 가게들이 모여 있는 작은 거리가 있다.

해러즈 백화점
Harrods

영국은 백화점의 발상지로 불리며 유럽의 어느 나라보다 오랜 백화점 역사를 자랑한다. 그중 해러즈 백화점은 원래 템스 강변의 사우스워크Southwark 지역에서 헨리 찰스 해러즈Henry Charles Harrods가 포목상으로 시작한 사업이 그 시초다. 훗날 그는 홍차에 대한 특별한 관심을 바탕으로 식료품점으로 업종을 변경했고, 1849년 지금의 자리인 브롬프턴 거리로 옮긴 후 현재 유럽에서 가장 큰 고급 백화점으로 성장했다.

1884년 고급 백화점으로의 변신을 꾀하던 당시, 일부 상류층 여성 고객들을 상대로 신용 계좌를 개설해주고 외상으로 구매할 수 있도록 하여 부유층 고객들을 끌어들인 방식을 시작으로 한 최상위 VIP 고객 대상 맞춤형 서비스는 여타의 고급 백화점과 비교해 매우 특별하다. 특별한 라운지에서 개인 쇼핑 상담가Personal Shopper가 상담을 해주며 원하는 상품은 어떤 품목이든(개인 제트기까지도) 해외 어디서라도 구해 올 정도라고 한다.

현재 330여 개가 넘는 매장과 32개의 레스토랑이 입점해 있어 백화점 안에서 길을 잃을 정도로 어마어마한 규모를 자랑하며, 특히 식료품점은 세계적으로 유명하다. 해러즈의 홍차 중에서 베스트셀러인 no. 42 헤리티지 얼 그레이 티와 no. 14 잉글리시 브렉퍼스트 그리고 150주년을 기념하여 선보인 no. 49는 선물용으로도 좋다.

한때 백화점 하우스 오브 프레이저House of Fraser에 흡수되었다가 1985년에 이집트의 부호 파예드Fayed 형제가 매입했다. 파예드는 영국 프리미어 리그 축구 클럽인 풀럼과 파리의 리츠 호텔을 소유한 부호로, 고 다이애나비가 파파라치를 피하다 사고로 사망했을 때 함께 차에 타고 있었던 연인이 파예드의 둘째 아들이다. 두 고인을 추모하는 의미로 백화점 지하에는 다이애나비가 마지막 저녁식사 때 사용한 립스틱 자국이 묻어 있는 와인 잔과 사고 전날 연인 도디가 구입한 약혼 반지가 진열되어 있다.

ADD 87-135 Brompton Road, Knightsbridge, London SW1X 7XL
TEL +44-20-7730-1234
TIME 월~토 10:00~20:00, 일 11:30~18:00
HOMEPAGE www.harrods.com

빅토리아 앨버트 박물관
Victoria and Albert Museum

빅토리아 여왕과 앨버트 공의 이름을 딴 이 박물관은 현재 영국 최대의 공예 박물관이다. 1851년 하이드 파크에서 개최한 만국박람회가 크게 성공을 거둔 후 출품작을 전시하기 위해 박물관을 세우기 시작해 현재 5백만 점이 넘는 수집품을 전시하고 있다. 유럽과 동양의 도자기, 가구, 유리공예, 장신구, 은제품 등을 전시하고 있으며, 영국 왕실 컬렉션에서는 진귀한 찻잔과 접시, 장신구 등을 구경할 수 있다. 특히 유명 패션 디자이너의 작품들이 시대별로 전시되어 있어 17세기 이후 패션의 변천사를 한눈에 볼 수 있다는 점이 참신하다. 흑백영화부터 최근 영화까지 할리우드 영화 의상 1백 점을 전시한 '할리우드 코스튬 전시Hollywood Costume Exhibition' 등 기획력이 돋보이는 수준 높은 특별전은 늘 이슈가 되며 반응이 뜨겁다. 박물관 안의 작은 분수가 있는 안뜰은 여름철 휴식 장소로도 좋다.

ADD Cromwell Road, London SW7 2RL
TEL +44-20-7942-2000
TIME 월~일 10:00~17:45, 금 10:00~20:00
COST 무료
HOMEPAGE www.vam.ac.uk

로열 앨버트 홀
Royal Albert Hall

각종 콘서트와 전시, 박람회 등이 열리는 공연장으로 영화 《007 스카이폴》의 시사회가 열리기도 했다. 매년 7월에서 9월 사이에 열리는 프롬스BBC Proms로도 유명하다. BBC에서 주관하는 음악 축제인 프롬스는 영국인들에게는 매우 중요한 문화 행사다. 세계적인 오케스트라와 연주자만이 무대 위에 설 수 있는 수준 높은 공연으로 고전음악부터 클래식에 조예가 높지 않은 일반인도 부담 없이 즐길 수 있는 연주회까지 다양한 프로그램이 기획된다.
좌석에 따라 티켓 가격이 다르지만 스탠딩석은 10파운드도 안 되는 저렴한 가격이며, 공연 문화를 생활의 일부처럼 즐기는 영국인들답게 티켓은 항상 매진이 된다고 한다. BBC에서 생중계하는 것을 텔레비전으로도 볼 수 있다.
로열 앨버트 홀 서쪽에는 왕립 미술학교Royal College of Art가 있고, 남쪽에는 왕립 음악학교Royal College of Music가 있다. 문화와 예술, 교육에 관심에 많았던 빅토리아 여왕의 남편 앨버트 공이 이 모든 시설들을 지을 것을 주장했다고 한다. 건너편 하이드 파크에는 그의 업적을 기리는 기념탑이 서 있다.

ADD Kensington Gore, London SW7 2AP
TEL +44-20-7589-8212
HOMEPAGE www.royalalberthall.com

슬론 스트리트
Sloane Street

하비 니콜스 백화점을 기준으로 남서쪽으로 뻗은 브롬 프턴 로드Brompton Road에는 다양한 가격대의 패션 브랜드와 프랜차이즈 커피 전문점, 레스토랑이 몰려 있고, 남쪽으로 뻗은 슬론 스트리트에는 고급 브랜드와 명품 숍들이 들어서 있다. 하비 니콜스 백화점에서 시작해 우디 앨런의 영화 〈매치 포인트Match Point〉의 배경으로 등장한 슬론 스퀘어까지 이어진다.

· **하비 니콜스**Harvey Nichols
1831년에 문을 연 하비 니콜스는 나이츠 브리지와 슬론 스퀘어의 멋쟁이들이 사랑하는 백화점이다. 총 5층의 백화점에 남성과 여성 패션, 화장품 코너, 맨 윗층의 푸드홀과 레스토랑이 전부일 정도로 패션에 주력하고 있다. 각 매장은 크리에이티브한 편집 숍처럼 감각적으로 꾸며져 있다.

ADD 109-225 Knightsbridge, London SW1X 7RL
TEL +44-20-7235-5000
TIME 월~토 10:00~20:00, 일 11:30~18:00
HOMEPAGE www.harveynichols.com

킹스 로드
King's Road

오스카 와일드, 조니 뎁 등의 유명 배우와 작가들 그리고 왕세자비 케이트 미들턴이 결혼 전에 살았던 고급 주택가 첼시Chelsea 지역의 대표적인 쇼핑가로 피터 존스 Peter Jone's 백화점을 비롯하여 현대 미술관 사치 갤러리Saatchi 그리고 수많은 상점과 레스토랑들이 밀집해 있다. 조용한 주택가 사이에 자리 잡아 특유의 여유로운 분위기가 느껴지며 번잡스럽지 않아 더욱 좋다.

· 앤트로폴로지Anthropologie
미국에서 건너온 브랜드로 감성적인 애스닉풍의 여성 의류와 액세서리 그리고 홈, 주방 데코 소품 등을 판매하는 편집 숍이다. 이불에서부터 문고리까지도 판매하며 굳이 물건을 사지 않더라도 매장 디스플레이를 구경하는 것만으로도 큰 볼거리가 있다. 우리나라에서도 20~40대 여성들 사이에서 인기가 많다.

ADD 131-141 King's Road, London SW3 4PW
TEL +44-20-7349-3110
TIME 월 11:00~18:00, 화~토 12:00~18:00, 일 12:00~18:00
HOMEPAGE www.anthropologie.eu

· 푸알란Poilane
파리에서 건너온 유명 빵집. 골목길에 위치해 있고 눈에 띄는 간판이 없어 주로 주민들이나 아는 사람들만 찾아오는 곳이다. 12시 이전에는 브렉퍼스트 메뉴를 판매하며 그외 시간에는 수프나 샐러드가 곁들여 나오는 각종 타르틴Tartine(오픈 샌드위치) 메뉴를 판매한다. 분위기가 아늑해서 간단히 커피를 마시기에도 좋다. 피터 존스 백화점 바로 뒤에 위치해 있고 빅토리아 벨그라비아에도 분점이 있다.

ADD 39 Cadogan Gardens, London SW3 2TB
TEL +44-20-3263-6019
TIME 월~금 8:00~20:30, 토~일 9:00~18:30
COST 타르틴 세트 10£ 내외
HOMEPAGE www.poilane.com

노팅힐
Notting Hill

· **파트리지스** Partridges

엘리자베스 2세가 선택한 로열 워런트 홀더로, 2008년부터 왕실에 식료품을 납품하고 있는 푸드홀이다. 영국산 차와 잼, 비스킷 등의 다양한 식재료를 판매한다. 안쪽의 인터내셔널 푸드 코너에서는 한국 라면도 판매하며, 미국에서 수입해온 식재료도 다수 보유하고 있다. 사치 갤러리 맞은편에 있다.

ADD 2-5 Duke of York Square, London SW3 4LY
TEL +44-20-7730-0651
TIME 월~일 8:00~20:00
HOMEPAGE www.partridges.co.uk

켄싱턴 공원 북서쪽에 위치한 노팅힐 지역 역시 조용한 주택가지만 포토벨로 마켓이 들어선 포토벨로 로드는 늘 관광객으로 북적거린다. 특히 노팅힐 페스티벌이 열리는 8월 마지막 주에는 엄청난 인파가 몰려 인산인해를 이룬다. 노팅힐 페스티벌에서는 카리브해 출신의 아프리카계 이민자들이 전통 복장을 입고 레게, 삼바, 칼립소, 소카 등 그들의 전통 음악에 맞춰 춤을 추며 퍼레이드를 벌인다. 평소 점잖은 런더너들도 이날만큼은 거리에서 펼쳐지는 댄스 파티에 빠져들어 정신을 놓은 듯 춤을 추는 모습을 목격할 수 있다. 시끄럽다 못해 무질서하고 과격하며 다소 위험해 보이기도 하는 이 축제는 공식 휴일로 지정되어 있는 영국의 대표적인 축제로, 이민자의 문화도 그들의 문화로 받아들이려는 영국의 포용력을 상징하는 듯하다.

- 포토벨로 마켓 – 256p

제이미스 레서피즈
Jamie's Recipease

노팅힐 게이트역 바로 앞의 1~2층 건물 전체가 쿠킹 클래스가 열리는 오픈 키친이자 제이미 올리버의 이름을 딴 조리 도구와 그의 요리책, 식료품 그리고 이곳에서 조리한 레디밀ready meal을 판매하는 공간이다. 2층에는 그가 텔레비전 프로그램에서 요리했던 메뉴들을 실제로 판매하는 카페도 있다. 그의 캐릭터처럼 친근하고 유쾌한 분위기로 꾸며져 있는 이곳은 스타 셰프 한 명으로 이렇듯 많은 유·무형의 재화를 창출할 수 있다는 것을 보여주는 좋은 본보기다.

ADD 92-94 Notting Hill Gate, London W11 3QB
TEL +44-20-3375-5398
TIME 월~토 8:00~21:00, 일 9:00~21:00
COST 메인 디시 8~10£
HOMEPAGE www.jamieoliver.com/recipease

웨스트본 그로브
Westbourne Grove

예쁜 레스토랑과 카페, 고급 패션 브랜드 숍이 모여 있는 노팅힐 주택가 사이에 자리 잡은 번화가.

· **멜트**Melt
깔끔한 초콜릿 패키지와 디스플레이가 한눈에 들어오는 수제 초콜릿 전문점이다. 가격은 일반 초콜릿보다 조금 비싸지만 입 안에 여운이 오래 남는 깊은 초콜릿 맛은 그야말로 명품이다. 세 아이의 엄마인 사장 루이스가 카카오 농장에서 일하는 아이들에게 정당한 노동의 대가가 돌아가길 바라는 마음으로 투명한 공정 거래를 실천하는 곳으로도 유명하다. 이미 셀프리지 백화점에도 입점한 성공한 초콜릿 전문점으로 우유에 휘저어 녹여 만드는 핫초콜릿인 초콜릿 블록이 대표 메뉴다.

ADD 59 Ledbury Road, Notting Hill, London W11 2AA
TEL +44-20-7227-5030
TIME 월~토 10:00~18:30, 일 11:00~16:00
COST 초콜릿 블록 2.50£
HOMEPAGE www.meltchocolates.com

퀸스웨이
Queensway

웨스트 그로브의 서쪽에서 만나 남쪽으로 이어지는 퀸스웨이에는 중국, 인도, 멕시코, 브라질, 아프리카 등 다양한 국적의 레스토랑과 슈퍼마켓 등이 줄지어 있어 거리에 들어서는 순간 이국적인 향기가 코를 자극한다. 차이나타운에 비해 가격도 저렴한 편이고 다양한 문화권의 레스토랑들이 모여 있어 관광객보다는 현지인들이 주로 찾는 곳이다. 노팅힐의 포토벨로 마켓에 들른 후 부담 없이 들르기 좋다.

· 데일스퍼드 오가닉 Daylesford Organic

영국 글로스터셔Gloucestershire에 있는 농장에서 직접 기른 고기와 유제품, 과일, 그외 기타 수확물 등을 판매하는 식료품점이자 유기농 카페다. 심플하고 깔끔한 인테리어가 돋보이는 카페에서는 유기농 식재료로 만든 건강한 메뉴들을 판매하며 맛도 아주 좋다. 25년의 유기농 역사를 가진 본토의 유기농 카페를 경험해보자.

ADD 208-212 Westbourne Grove, Notting H ll, London W11 2RH
TEL +44-20-7313-8050
TIME 월~금 8:00~21:00, 토 8:00~21:00, 일 10:00~16:00
COST 브런치 메인 메뉴 15£ 내외
HOMEPAGE www.daylesfordorganic.com/page/home

· 만다린 키친 Mandarin Kitchen

오랫동안 런더너들에게 사랑받고 있는 중식당으로 인기 메뉴는 랍스터 누들이다. 그외 동파육, 핫 앤 사우어 수프도 인기 메뉴다.

ADD 14-16 Queensway, London W2 3RX
TEL +44-20-7727-9012
TIME 월~일 11:50~23:30
COST 메인 디시 7~30£

· **로열 차이나**Royal China
저렴한 딤섬 레스토랑으로 딤섬 외의 메뉴도 판매한
다. 늘 사람들이 북적거려 번호표를 받고 들어가야 할
정도로 인기가 많다.

ADD 13 Queensway, London W2 4QJ
TEL +44-20-7221-2535
TIME 월~일 12:00~23:00(딤섬 판매 시간
12:00~16:45)
COST 딤섬 3.50~5£

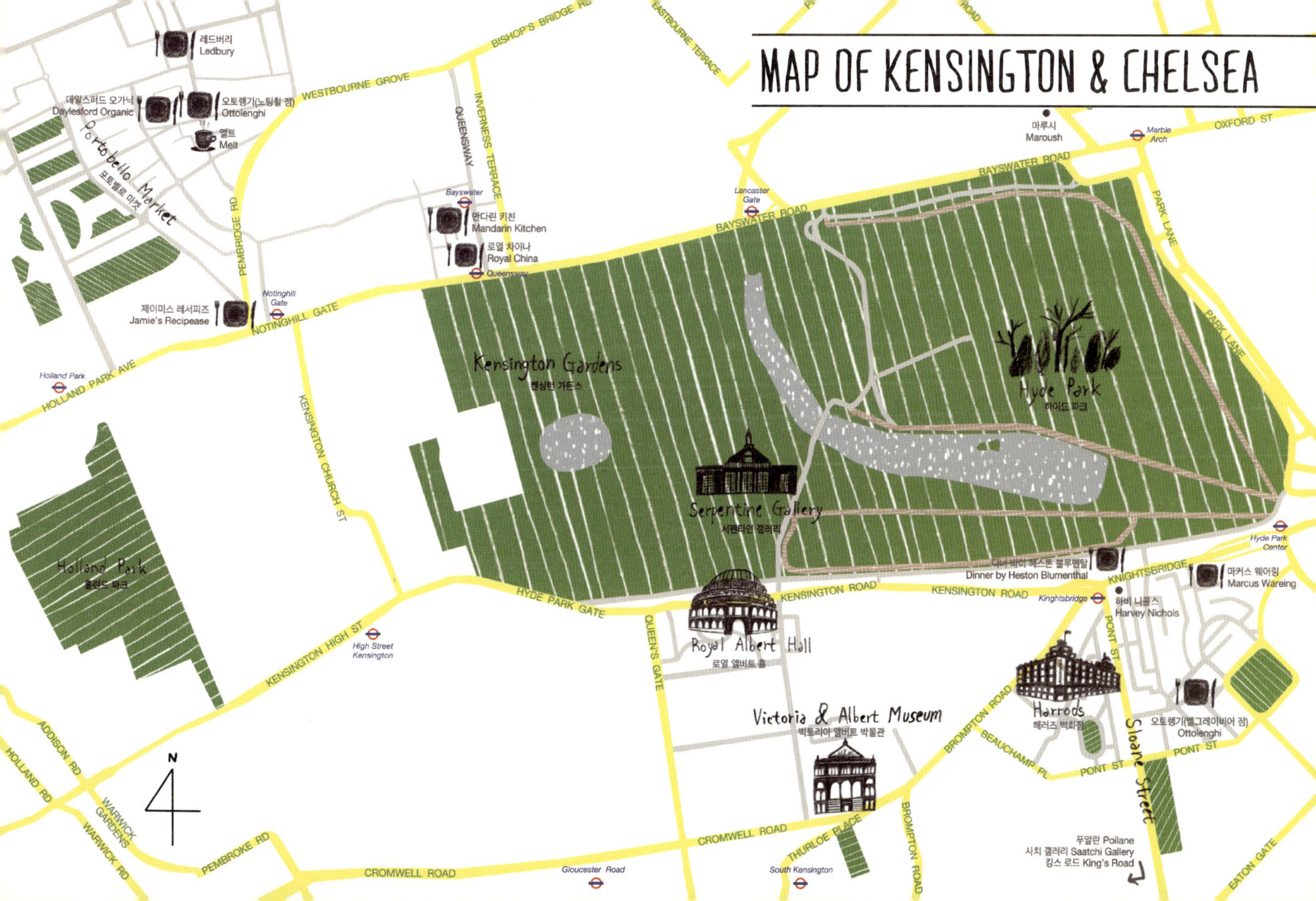
MAP OF KENSINGTON & CHELSEA
레드버리 Ledbury
데일스포드 오가닉 Daylesford Organic
오토렝기(노팅힐 점) Ottolenghi
멜트 Melt
Portobello Market
포토벨로 마켓
WESTBOURNE GROVE
BISHOP'S BRIDGE RD
EASTBOURNE TERRACE
마루시 Maroush
Marble Arch
OXFORD ST
PARK LANE
BAYSWATER ROAD
Lancaster Gate
BAYSWATER ROAD
QUEENSWAY
INVERNESS TERRACE
PEMBRIDGE RD
Bayswater
만다린 키친 Mandarin Kitchen
로열 차이나 Royal China
Queensway
제이미스 레서피즈 Jamie's Recipease
Notinghill Gate
NOTINGHILL GATE
Kensington Gardens
켄싱턴 가든스
Hyde Park
하이드 파크
Holland Park
홀랜드 파크
HOLLAND PARK AVE
KENSINGTON CHURCH ST
Serpentine Gallery
서펜타인 갤러리
Hyde Park Center
디너 바이 헤스톤 블루멘탈 Dinner by Heston Blumenthal
KNIGHTSBRIDGE
마커스 웨어링 Marcus Wareing
Knightsbridge
하비 니콜스 Harvey Nichols
HYDE PARK GATE
KENSINGTON ROAD
KENSINGTON ROAD
Royal Albert Hall
로열 앨버트 홀
QUEEN'S GATE
KENSINGTON HIGH ST
High Street Kensington
Victoria & Albert Museum
빅토리아 앨버트 박물관
Harrods
해러즈 백화점
PONT ST
오토렝기(벨그레이비어 점) Ottolenghi
Sloane Street
ADDISON RD
HOLLAND RD
WARWICK GARDENS
WARWICK RD
PEMBROKE RD
N
CROMWELL ROAD
THURLOE PLACE
Gloucester Road
South Kensington
BROMPTON ROAD
BEAUCHAMP PL
PONT ST
푸알란 Poilane
사치 갤러리 Saatchi Gallery
킹스 로드 King's Road
EATON GATE

매릴본 & 리젠트

런더너들의 다양한 문화 엿보기

리젠트 파크를 중심으로 동서남북으로 퍼져 있는 이 지역은 실제 거리상으로도 서로 멀리 떨어져 있다. 그런 이 지역을 하나로 묶은 이유는 다양한 문화를 비교하듯 둘러볼 수 있기 때문이다. 비틀즈와 셜록, 세련된 고급 쇼핑 거리와 동대문시장처럼 활기 넘치는 젊은이들의 쇼핑 타운까지 구석구석 살펴보자.

캠던 타운
Camden Town

캠던 록 마켓, 스테이블스 마켓, 벅스트리트 마켓, 일렉트릭 볼룸, 캠던 커낼 마켓, 인버니스 스트리트 마켓 등 총 여섯 개의 마켓들이 한 곳에 모인 대형 시장이다. 주말이면 주로 10~20대들과 관광객으로 북적거리는 모습이 마치 동대문 시장을 연상시킨다. 거리에는 저렴한 티셔츠와 신발을 파는 노점부터 무시무시한 펑크족과 고스족들을 위한 옷, 피어싱과 타투 가게들까지 런던 시내 중심지에서 보기 드문 패션 스타일을 엿볼 수 있는 상점들이 가득하다. 세계 각국의 음식을 파는 노점과 간이 식당, 길에 앉아 스트리트 음식을 먹는 사람들의 모습 역시 어느 마켓에서나 빼놓을 수 없는 풍경이다.

ADD Camden High Street, London NW1 8NH
TIME 월~일 10:00~18:00
HOMEPAGE www.camdenlock.net

프림로즈 힐
Primrose Hill

런던의 몽마르트라고도 불리는 푸른 언덕으로, 리젠트 파크 북쪽에 위치해 있다. 언덕 위에 오르면 런던 시내가 한눈에 들어온다. '달맞이꽃 고개'라는 이름처럼 해가 지면 왠지 달을 맞이할 수 있을 것 같은 고요한 언덕이다.

· 프림로즈 베이커리 Primrose Bakery

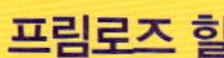

- MAP 127p

런던에서 유명한 컵케이크 집이 두 곳 있는데, 허밍 버드 베이커리 Humming Bird Bakery와 프림로즈 베이커리다. 파스텔 톤으로 꾸며진 귀여운 가게에 앉아 있으면 프림로즈 힐 근처에 사는 동네 꼬마들의 발길이 끊이지 않는 모습을 목격할 수 있다. 프림로즈 힐에서 걸어서 10분 정도 거리에 위치해 있으며, 코벤트 가든점도 운영 중이다.

ADD 69 Gloucester Avenue, London NW1 8_D
TEL +44-20-7483-4222
TIME 월~토 8:30~18:00, 일 9:30~18:00
COST 컵케이크 3£ 내외
HOMEPAGE www.primrose-bakery.co.uk

리젠트 커낼
Regent Canal

리젠트 파크 북쪽을 가로질러 흐르는 운하는 과거에 수로가 육로를 대신해 수송로 역할을 하던 시절의 흔적이다. 패딩턴역 부근에 위치한 리틀 베니스에서 캠던 타운을 지나 템스 강변까지 흐른다. 철도가 들어선 후로 현재는 본래의 역할을 거의 잃었지만, 고요한 산책로 Foot Canal이자 보트와 유람선을 띄우는 휴식과 여가의 수로로 여전히 많은 런더너들에게 사랑받고 있다. 하늘이 투명하게 맑은 날이면 수로를 따라 산책을 즐기는 런더너들의 모습이 매우 평화로워 보인다.

매릴본 하이 스트리트
Marylebone High Street

이름처럼 예쁜 이 거리에는 소비 수준이 높은 20~30
대 런더너들의 세련된 라이프 스타일을 엿볼 수 있는
브랜드 숍들이 모두 모여 있다. 런던 멋쟁이들이 입고,
마시고, 가꾸고, 집을 꾸미는 센스를 엿볼 수 있는 거
리로 가보자.

· 던트 북스 Daunt Books
비 오는 날 가면 좋을 듯한 낡은 책방으로, 버스 정류
장에 서 있는 영국 할머니가 맨 에코 백을 보고 처음
알게 된 곳이다. 본래 여행서적 전문 책방인데, 참나무
로 짠 긴 책꽂이에 여행서적과 역사서적 그리고 중고
와 신간들이 빼곡히 진열되어 있다. 고풍스러운 영국
식 서재를 연상시키는 책방에 앉아 낡은 책 냄새를 맡
으며 어딘가로 떠날 계획을 세워보자. 런던에 있는 여
섯 개의 체인점 중 매릴본 점이 가장 유명하다.

ADD 83 Marylebone High Street, London
W1U 4QW
TEL +44-20-7224-2295
TIME 월~토 9:00~19:30, 일 11:00~18:00
HOMEPAGE www.dauntbooks.co.uk

· 제인 패커 Jane Packer
꽃에 관심 있는 사람이라면 한번쯤 들어봤을 만한 이
름으로, 우리나라에도 입점해 있는 유명 플로리스트
플라워 숍이다. 제인 패커의 플라워 숍이 근처에 있다
는 것만으로 왠지 그들의 소비 수준과 생활 수준을 말
해주는 듯하다. 수강료는 매우 비싼 편이지만 반나절
코스부터 전문가 코스까지 전문적인 플라워 레슨을
받을 수 있다. 숍 안쪽에서는 가격대가 높은 꽃다발을
판매하지만, 입구에 진열된 꽃들 중 향이 좋은 핑크빛
히아신스 한 다발을 5파운드에 데려올 수도 있다.

ADD 32-34 New Cavendish Street, London
W1G 8UE
TEL +44-20-7935-2673
TIME 월~토 9:00~18:00
HOMEPAGE www.jane-packer.co.uk

· **디버티먼티** Divertimenti

실용적인 요리 도구를 파는 주방용품 전문점으로, 매장 지하에서는 소규모 쿠킹 클래스가 열린다. 영국식 오븐인 아가 오븐Aga oven부터 믹서기와 토스트기를 비롯해 주물냄비, 베이킹 용품, 포크와 나이프, 그릇도 판다. 고가의 요리 도구와 저렴한 요리 도구가 적절히 섞여 있는 실용적인 곳이다. 나이츠 브리지 지역에 분점이 있고 온라인 판매도 한다.

ADD 33-34 Marylebone High Street, London W1U 4PT
TEL +44-20-7935-0689
TIME 월~금 10:00~18:30, 토 10:00~18:00, 일 11:00~17:00
HOMEPAGE www.divertimenti.co.uk

· **내추럴 키친** Natural Kitchen

유기농 식료품 숍이자 카페 레스토랑인 복합 공간이다. 특히 싱싱한 과일과 채소를 갈아주는 프레시 주스와 스무디, 카운터에서 골라 주문할 수 있는 건강한 샐러드가 인기 메뉴다. 위층에는 작은 브런치 레스토랑이, 지하에는 간단한 주방용품 숍이 있다.

ADD 77-78 Marylebone High Street, London W1U 5JX
TEL +44-20-3012-2123
TIME 월~금 7:30~20:00, 토 8:00~19:00, 일 9:00~19:00
COST 스무디 4£, 브런치 메뉴 8£ 내외
HOMEPAGE www.thenaturalkitchen.com

· **라 프로마제리**La Fromagerie

와인과 치즈를 사랑하는 사람이라면 이곳에 가보자. 특별한 온도로 보관되는 유리로 된 치즈 룸 안에서 유럽 각국의 치즈 장인들이 만든 팜 하우스 치즈를 구입할 수 있다. 한쪽의 작은 카페에서는 간단한 식사를 할 수도 있고, 유기농 채소와 과일, 홈메이드 요구르트와 그래놀라 등도 구입할 수 있다.

ADD 2-6 Moxton Street, Marylebone, London W1U 4EW
TEL +44-20-7935-0341
TIME 월~금 8:00~19:30, 토 9:00~19:00, 일 10:00~18:00
HOMEPAGE www.lafromagerie.co.uk

· **진저 피그**Ginger Pig

고기|Meat에 관한 전문서적도 냈고, 버러 마켓에도 입점한 유명 정육점이다. 질 좋은 고기들을 요리 용도에 맞게 부위별로 잘라서 판매하며, 직원에게 물어보면 부위별 요리 방법도 설명해준다. 질 좋고 맛 좋은 고기에 특별히 관심 있는 미식가라면 가볼 만하다.

ADD 8-10 Moxon Street, Marylebone, London W1U 4EW
TEL +44-20-7935-7788
TIME 월~수 9:00~17:30, 목~금 9:00~18:30, 토 9:00~18:00, 일 10:00~15:00
HOMEPAGE www.thegingerpig.co.uk

· **콘란 숍**Conran Shop

평범한 오피스 거리에 콘란 숍이 생긴 후부터 지금의 세련된 브랜드 숍들이 모인 거리가 되었다. 산업 디자이너 테렌스 콘란의 '고급 디자인 컨셉트 부티크'로, 가격대는 높지만 엄선된 디자인의 홈 데코 용품, 주방용품, 가구 등을 만날 수 있다. 젊은 디자이너들이 이곳을 방문해 영감을 얻으러 갈 정도로 유명하다. 안쪽에는 작은 카페도 있으며, 런던에는 매릴본과 첼시 두 곳에 매장이 있다.

ADD 55 Marylebone High Street, London W1U 5HS
TEL +44-20-7723-2223
TIME 월~토 10:00~19:00, 일 11:00~18:00
HOMEPAGE www.conranshop.co.uk

애비 로드
Abbey Road

· 프로바이더스 앤드 타파
The Providores and Tapa Room Restaurant

뉴질랜드 출신 셰프인 피터 고든Peter Gorden이 선보이는 이국적인 퓨전 요리를 만날 수 있다. 무엇보다 메뉴들이 간결하고 맛깔스럽다. 매번 갈 때마다 더기를 해야 하는데, 특히 브런치 메뉴는 매릴본 멋쟁이들에게도 매우 인기가 높다. 1층에는 가볍게 식사를 할 수 있는 타파 룸(가격대도 부담스럽지 않다)이 있고, 위층에는 다이닝 룸이 있다. 추천 메뉴는 바나나와 호두가 들어간 프렌치 토스트, 터키시 에그Turkish Egg다. 유명세를 얻어 코벤트 가든에 '코파파Kopapa'라는 자매 레스토랑도 열었다.

ADD 109 Marylebone High Street, London W1U 4RX
TEL +44-20-7935-6175
TIME 월~금 9:00~22:30, 토~일 9:00~15:00(브런치), 16:00~22:00(디너)
COST 브런치 메인 디시 10£ 내외
HOMEPAGE www.providores.co.uk

한적한 주택가의 특별할 것 없어 보이는 횡단보도 앞이 일 년 365일 관광객으로 북적거린다. '비틀즈'의 마지막 앨범 재킷에 등장한 '애비 로드'와 그들이 앨범을 녹음했던 스튜디오 앞은 비틀즈가 남긴 문화를 동경하는 관광객들로 북적거린다. 다시 한 번 느끼지만 문화의 힘은 참 대단하다.

셜록 홈스 박물관
The Sherlock Holmes Museum

베이커역에서 내리면 명탐정 셜록의 흔적들이 시작된다. 실제 주소는 239번지지만 소설 속 가상의 주소 '221b' 번지(현재 이곳의 공식 주소가 되었다)에는 셜록 홈스 박물관이 들어서 있다. 소설 《셜록 홈스》에 열광하는 홈스 마니아라면 셜록 홈스 박물관으로 가보자! 현대적인 영국 드라마 《셜록》의 마니아라면 드라마에 등장하는 셜록의 집 앞에서 사진을 남겨보는 것은 어떨까?

ADD 221b Baker Street, London NW1 6XE
TEL +44-20-7224-3688
TIME 월~일 9:30~18:00
COST 성인 10£, 어린이(16세 미만) 8£
HOMEPAGE www.sherlock-holmes.co.uk

· **영국 BBC 드라마 〈셜록〉의 집**
전 세계적으로 인기를 끈 영국 드라마 〈셜록〉에 등장하는 주인공의 집은 따로 있다.
셜록 홈스 박물관과는 좀 떨어져 있지만 진정한 셜록 마니아라면 이곳에서 셜록의 흔적을 느껴보자. 스피디스 샌드위치 바 & 카페Speedy's Sandwich Bar&Café 바로 옆집으로 찾으면 찾기 쉽다.

ADD 187 N Gower Street, London NW1 2NJ
TEL +44-20-7383-3475

그외 본문에 등장한 곳들

· 리젠트 파크 — 38p
· 융차(캠던 록 점, 캠던 파크웨이 점) — 77p

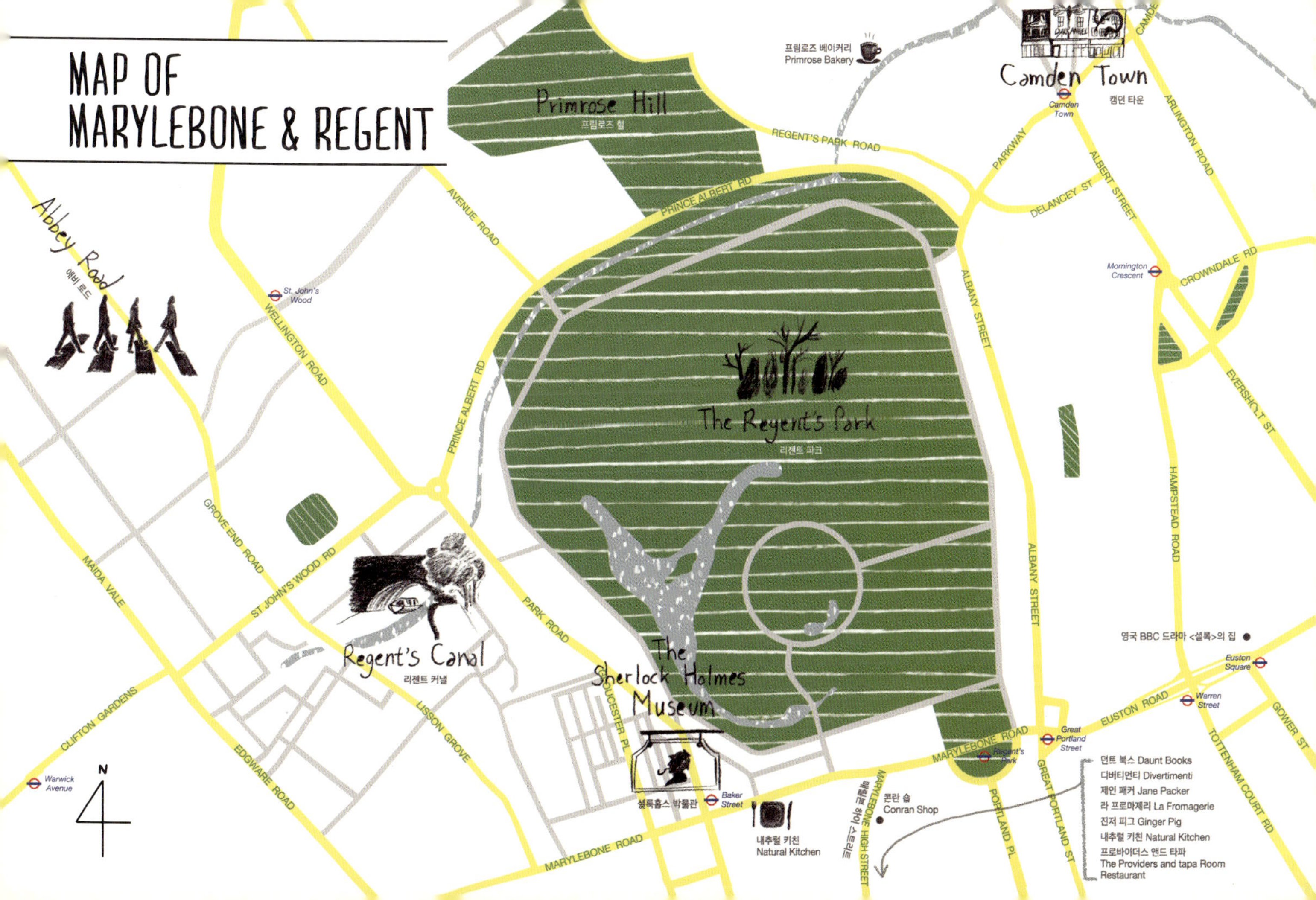

MAP OF MARYLEBONE & REGENT
Camden Town
캠던 타운
Primrose Hill
프림로즈 힐
The Regent's Park
리젠트 파크
Primrose Bakery
프림로즈 베이커리
Abbey Road
애비 로드
Regent's Canal
리젠트 커낼
The Sherlock Holmes Museum
셜록홈스 박물관
Natural Kitchen
내추럴 키친
Conran Shop
콘란 숍
MARYLEBONE HIGH STREET
매릴본 하이 스트리트
Euston Square
영국 BBC 드라마 <셜록>의 집
Daunt Books
단트 북스
Divertimenti
디베르티멘티
Jane Packer
제인 패커
La Fromagerie
라 프로마제리
Ginger Pig
진저 피그
Natural Kitchen
내추럴 키친
The Providers and tapa Room Restaurant
프로바이더스 앤드 타파
ARLINGTON ROAD
CROWNDALE RD
EVERSHOLT ST
HAMPSTEAD ROAD
ALBERT STREET
DELANCEY ST
PARKWAY
Mornington Crescent
Camden Town
REGENT'S PARK ROAD
PRINCE ALBERT RD
ALBANY STREET
EUSTON ROAD
GOWER ST
Warren Street
TOTTENHAM COURT RD
Great Portland Street
GREAT PORTLAND ST
PORTLAND PL
Regent's Park
MARYLEBONE ROAD
Baker Street
GLOUCESTER PL
PARK ROAD
AVENUE ROAD
St. John's Wood
WELLINGTON ROAD
GROVE END ROAD
ST. JOHN'S WOOD RD
LISSON GROVE
EDGWARE ROAD
CLIFTON GARDENS
MAIDA VALE
Warwick Avenue
N

02°
FINDING MY OWN—
나만의 런던을 찾아내는 방법

LONDON STORY
나의 런던 그리고 나의 요리
중고물품 속에서 나만의 보물찾기, 카부트 세일
런던 새내기 주부의 신 나는 마트 놀이

나의 런던
그리고 **나의 요리**

오늘 저녁 메뉴는 뱅어스 앤 매시Bangers & Mash(소시지와 으깬 감자 요리)다.

우유와 버터를 넣고 크림처럼 부드럽게 으깨어놓은 삶은 감자 옆에서 보글보글 끓는 소스가 제법 맛있는 노래를 부르고 있다. 마지막으로 오븐 속 소시지가 맛있게 익기를 기다리며 텔레비전을 켠다. 저녁 6시. 텔레비전 속의 제이미 올리버는 오늘도 어김없이 특유의 혀 짧은 말투로 30분 만에 뚝딱하고 요리를 두 가지나 만들어내고 있다.

'제이미도 많이 늙었구나. 정신 없이 부엌을 뛰어다니던 꽃미남이 이제 제법 배 나온 아저씨 티가 나네. 행동도 많이 차분해졌는걸?' 그도 어느새 큰딸이 초등학교 4학년인 어엿한 학부형이 되었으니 말이다.

벌써 10년 전이다. 엄마가 끓여주는 칼칼한 김치찌개에 차지게 윤기가 도는 쌀밥을 먹으며 저녁마다 제이미의 요리 프로그램을 한 회도 빠짐없이 챙겨보는 제이미의 광팬이 한 명 있었다. 그가 만드는 요리를 그저 신기한 눈으로 (침을 꼴깍 삼키며!) 바라보며 열심히 텔레비전 앞을 지키던 사람. 지금의 모습을 생각지도 못한 10년 전 나의 모습이다. 대학에서 외식산업학과를 전공한 나는 식탐과 식문화에 대한 호기심에 있어서는 둘째가라면 서러웠지만, 할 줄 아는 요리라고는 고작 라면 끓이기와 달걀 프라이가 전부인 요리 문외한이었다.

게다가 학교에서 서양 조리실습을 수강한 후 어려운 프랑스어 용어와 복잡한 요리 과정에 흥미를 잃고 '요리는 역시 아무나 하는 것이 아니구나'라며 요리에 대한 막연한 거리감을 느끼고 좌절하던 당시, '요리는 쉽고 즐거워야

[나만의 런던을 찾아내는 방법]

한다'며 너무도 유쾌하고 간단하게 후다닥 요리를 하는 영국인 요리사는 내게 영웅이었다. 제이미 덕분에 '그래, 나도 요리를 배우고 싶어. 나도 할 수 있을 거야!'라는 자신감을 가질 수 있었다.

그리고 10년이 지난 지금, 나는 요리사가 되어 내 인생 처음으로 요리의 즐거움을 갖게 한 나의 영웅의 나라에 와 있다. 게다가 런던에 있는 나의 집에서 텔레비전을 틀면 제이미가 등장하는 요리 프로그램이 본방송으로 나온다. 그런데 이제는 제이미가 방송에서 자신이 만든 요리를 맛보며 "음, 러블리! 맛있어~" 해도 곧이곧대로 믿지 않고 '에잇, 소금을 빠트렸네. 분명 싱거울 거야', '색을 보니 채소가 덜 익었는걸?' 같은 생각을 하는 나를 발견하곤 한다. 나의 영웅이었던 제이미의 요리를 예리하게 평가하고 있다니! 제이미도 나도 참 많이 변했다는 생각에 피식 웃음이 나왔다.

소시지에 맥주 한 잔까지 곁들인 저녁을 배불리 먹은 후 여유롭게 텔레비전 채널을 돌리며 갑자기 떠오른 옛 생각에 감회가 밀려와 요리 관련 프로그램들로 채널을 돌려보았다.

요리 오디션 프로그램에서 손을 바르르 떨며 케이크를 굽는 일반인 참가자의 모습을 보고 있자니 화면 너머로 생생하게 긴장감이 전해진다. 사실 시간에 쫓겨 요리하는 모습을 지켜보는 것 자체가 내게는 고역이다. 근무 중 한창 바쁜 시간대에는 일 분 일 초에 쫓겨 요리를 하는 긴장과 압박감을 누구보다 잘 알기에 그들의 모습이 남의 일 같지가 않다. 그래서인지 자연스레 나도 모르게 가슴을 졸이며 지켜보게 된다. 오늘은 과연 누가 탈락할까? 내가 즐겨 보는 〈더 그레이트 브리티시 베이크 오프The Great British Bake Off〉는 영국 국영방송인 BBC에서 방영하는, 일반인을 주인공으로 한 베이킹 서바이벌 프로그램으로 영국에서 560만 명이 시청하는 인기 프로그램이다. 벌써 시즌4가 방영되고 있을 정도로 인기가 많다.

'영국인들이 이렇게 요리에 관심이 많았나' 하고 새삼 놀랐던 사건이 있다. 이 프로그램의 지난 시즌 우승자가 결정되던 마지막회의 시청률이 같은 시간대 챔피언스 리그 아스널의 축구 경기 시청률의 두 배인 9백만 명으로 집계되었다는 점이다. 요리 프로그램이 축구 경기 빅매치의 시청률을 뛰어넘다니! 그것도 축구 사랑으로 둘째가라면 서러울 영국에서 말이다.

우리나라의 올리브TV에서 인기리에 방영하고 있는 일반인들의 요리 서바이벌 프로그램 〈마스터 셰프 코리아〉의 원작 역시 BBC의 〈마스터 셰프〉다. 영국에서 시즌 5까지 나오며 큰 인기를 얻어 우리나라에 판권을 수출하게 되었다.

BBC의 요리 프로그램 중에는 내 나이만큼 오래된 것도 있다. 현재 미셸 루

Michele Roux라는 유명 셰프와 케이트 굿맨Kate Goodman이라는 드링크 전문가 두 사람이 진행하는 〈푸드 앤 드링크Food & Drink〉라는 프로그램은 1982년에 첫 방송을 시작해 지금까지 방영 중인 대표적인 장수 요리 프로그램이다. 매회 다른 주제로 특정 음식의 기원이나 트렌드 혹은 메뉴의 조리법을 보여주며 영국의 전반적인 식문화를 다루는 프로그램이 30년 동안이나 장수하고 있다는 사실이 바로 영국인들의 요리와 식문화에 대한 꾸준한 관심을 대변한다.

사실 영국에 오기 전부터 "영국은 더 이상 과거의 맛없는 음식으로 악명 높은 나라가 아니다" 혹은 "아직도 런던을 형편없는 요리의 도시로 떠올린다면 시대에 매우 뒤처진 사람이다"라는 주변의 이야기들을 익히 들어온 터였다. 나는 《미슐랭 가이드》 런던 편에서 1백여 곳이 넘는 세계적인 유명 셰프들의 레스토랑 리스트를 볼 때마다 가슴이 두근거렸다. 영국인 최초로 세계 최고의 레스토랑으로 꼽힌 팻 덕Fat Duck의 셰프 헤스톤 블루멘탈Heston Blumenthal

의 레스토랑이 올해는 몇 위를 차지했다는 헤드라인은 새로운 미식의 도시가 된 런던에 대한 나의 기대감을 날로 키워주었다.

그런데 뉴욕에서 머물던 시절 "영국은 이제 미국, 일본, 프랑스와 더불어 세계에서 네 번째 미식 국가로 떠올랐으며 외식 산업은 영국의 주요 산업 중 하나"라는 신문기사들을 접할 때마다 늘 궁금한 점이 있었다. '자신들만의 전통적인 먹거리가 없는 나라인데 과연 음식과 요리가 영국인들의 생활 속에서 얼마나 중요한 관심사가 될 수 있을까?' 당시 내 머릿속의 영국인들은 맥주와 피시 앤 칩스를 손에 들고 축구 경기에 열광하는 모습이었으니 진지하게 요리를 즐기는 모습을 도통 상상할 수 없었기 때문이다. 하지만 이곳에 온 지 2년이 되어가는 지금 내 눈으로 확인하고, 직접 체험하며 알아본 영국의 요리 문화와 외식 산업의 저변은 예상했던 것보다 훨씬 넓다.

일단 런던의 거리에는 레스토랑과 카페, 와인 전문상이나 식재료 전문점 등이 무수히 많다. 근사한 공간미가 눈에 띄는, 세계 어느 도시에서도 보지 못한 고급 레스토랑은 물론이고 작지만 사랑스럽고 독특한 개성과 아이디어가 돋보이는 콘셉트의 레스토랑도 많다. 그리고 무엇보다도 영국은 서점에서도 요리책이 항상 베스트셀러 리스트에 올라와 있다. 유명 셰프들의 레시피 북도 굉장히 많고, 푸드 스타일링과 사진 연출 감각이 돋보이는 요리책, 심지어 레시피 북이 아닌 유명 요리 평론가나 푸드 라이터가 쓴 요리 에세이가 베스트셀러가 되기도 한다는 점은 매우 신선한 충격이었다.

영국은 문화 콘텐츠 강국답게 요리를 소재로 한, 다양한 포맷의 연출과 영상미가 돋보이는 수준 높은 요리 프로그램들이 많다. 그리고 프로그램들의 시청률도 굉장히 높다. 또한 요리 프로그램에서는 꾸준히 스타 셰프와 스타 진행자를 배출하고 있다. 한마디로 런던은 요리에 대한 꾸준한 투자와 발

[나만의 런던을 찾아내는 방법]

전이 계속되고 있는 현재 진행형의 미식 도시다.

얼마 전 텔레비전을 보다가 우연히 유명 푸드 라이터이자 요리 프로그램 진행자인 나이절 슬레이터Nigel Slater라는 요리사를 알게 되었다. 영국인들이 말하는 그의 요리는 화려한 테크닉을 추구하지는 않지만 쉽고 간단하며, 음식에 얽힌 추억과 맛의 즐거움을 담은 그의 글은 읽는 이에게 잔잔한 감동을 남긴다고 한다. 요리와 사랑에 빠진 어린 소년이 훗날 영국을 대표하는 푸드 라이터로 커가는 그의 실제 성장기는 《토스트Toast》라는 책과 동명의 영화로 제작되기도 했다.

20대 후반에 늦깎이로 배운 요리를 앞으로 내 인생에서 어떻게 풀어가야 할지, 결혼을 하고 나이를 먹어갈수록 고민이 늘고 생각이 많아지던 요즈음, 왠지 그의 인생을 담은 영화가 나게 작은 힌트를 줄 수 있을 것 같다. 오늘 밤에 〈토스트〉를 보고 자면 10년 전 제이미 올리버를 동경하던 그 여자아이를 꿈속에서 만날 수 있을까?

영국 식문화계의
빛나는 별들

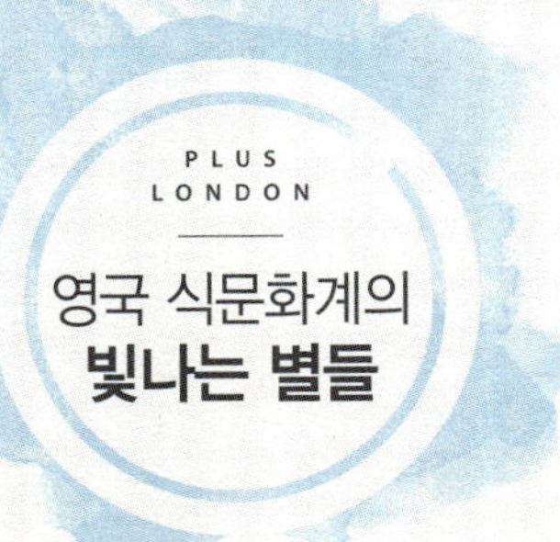

헤스톤 블루멘탈 Heston Blumenthal
요리사

영국의 자랑스러운 영웅 셰프. 2005년에 그의 레스토랑 '팻 덕Fat Duck'이 영국에서 최초로 세계 최고의 레스토랑으로 선정되어 세계 미식가들의 관심과 기대를 한 몸에 받고 있는 세계적인 셰프다. 마치 과학자처럼 식재료의 물리, 화학적 특징을 분석하여 오감을 자극하는 그의 요리는 하나의 작품으로 평가받으며 한동안 미식계에서 세계 요리사들의 연구 대상이 될 정도로 커다란 이슈를 낳기도 했다. 영국의 고급형 슈퍼마켓 웨이트로즈Waitrose에서는 그가 메뉴 개발에 직접 참여한 헤스톤 스페셜 라인이 출시되는 등 텔레비전 프로그램, 요리책, 주방용품 모델, CF 등의 분야에서 종횡무진 활동 중인, 현재 영국에서 가장 핫한 스타 셰프다.

나이절 슬레이터 Nigel Slater
푸드 라이터

영국의 텔레비전 방송국 채널4와 BBC의 여러 요리 프로그램을 진행하는 동시에 10년 넘게 〈옵저버 매거진The Observer Magazine〉에 요리 칼럼을 기재하고 있는 영국의 유명 푸드 라이터다. 그의 수많은 저서 중 음식에 얽힌 그의 성장기를 담은 《토스트Toast》는 베스트셀러가 되어 영화로도 제작되었다.

릭 스타인 Rick Stein
요리사

환갑이 넘은 요리사이자 레스토랑 사업가, 여유와 연륜이 묻어나는 요리 프로그램 진행자로 여왕의 훈장을 받은 바 있다. 특히 해산물에 얽힌 해박한 지식을 가지고 있다고 평가받으며 오랜 세월 영국인들의 사랑을 받고 있다.

제이미 올리버 Jamie Oliver
요리사&푸드테이너

제이미 올리버는 1백여 개가 넘는 나라에서 실행된 여론 조사에서 세계 최고의 텔레비전 쇼 요리사로 뽑혔다. 재치 있는 입담과 유쾌하고 친근한 이미지로 영국의 국민 요리사로 자리 잡은 그는 학교 급식과 식습관 개선 프로젝트나 사회 적응에 실패한 문제아들을 요리사로 재활하는 프로그램 등을 통해 사회운동가로도 활약하고 있다. 영국 전역에서 다양한 콘셉트의 그의 레스토랑을 쉽게 만날 수 있다. 런던에는 바베코아Barbecoa, 피프틴Fifteen, 제이미스 이탈리안Jamie's Italian, 레서피즈Recipease, 유니언 잭Union Jack, 제이미 올리버의 다이너Jamie Oliver's Diner라는 그의 레스토랑이 있다. 너무 기대를 하고 가면 살짝 실망할 수도 있지만 레스토랑의 재미난 콘셉트만큼은 충분히 방문해볼 가치가 있다.

테렌스 콘란 Terence Conran
산업디자이너&기업가

"디자인이란 사람들의 전반적인 라이프 스타일을 향상시키는 것"이라고 주장하는 영국의 산업디자이너다. 실제로 영국인의 생활에 미친 영향력이 지대하다고 평가받고 있는 영국 라이프 스타일의 대부다. 콘란 숍으로도 유명한 그의 기업 콘란 홀딩스는 가구, 생활 소품, 인테리어, 건축 그리고 레스토랑과 호텔에 이르기까지 사업을 확장하여 영국 내에서 다양한 콘셉트의 레스토랑과 푸드홀을 운영하고 있다.

앨런 야우 Alan Yau
레스토랑 사업가

스타 셰프의 이름을 보고 레스토랑을 찾아가는 시대에서 바야흐로 스타 레스토랑 사업가의 이름을 보고 레스토랑을 고르는 시대가 왔다. 앨런 야우는 런던에서 활동 중인 홍콩 출신 레스토랑 사업가로, 1992년 런던에 처음 오픈한 캐주얼 재패니즈 누들 바 와가마마Wagamama가 큰 히트를 치며 영국 외식 산업계에 새로운 반향을 일으켰다. 이어서 오픈한 고급 차이니스 레스토랑인 하카산Hakkasan과 여얏차Yauatcha는 미슐랭 별을 받았고, 타이 레스토랑 부사바 이 타이 Busaba Eathai, 차이니즈 누들 바 차차문Chacha moon, 고급 재패니즈 레스토랑 사케노 하나Sake No Hana 등을 모두 히트시키며 런던의 외식 산업에서 세운 공로를 인정받아 여왕으로부터 훈장을 받기도 했다. 뉴욕의 유명 레스토랑 사업가 대니 마이어Danny Meyer의 이름을 빌려 영국의 대니 마이어로 통하는 성공한 레스토랑 사업가다.

피오나 캐언스 Fiona Cairns
케이크 디자이너

윌리엄 왕세자와 케이트 왕세자비의 로열 웨딩 케이크를 담당하여 세간의 주목을 받은 영국의 유명 케이크 디자이너. 각각의 꽃말과 상징이 담긴 17가지 종류의 꽃을 설탕공예로 만들어 무려 9백 개의 꽃으로 장식한 8층 케이크는 당시 큰 화제를 낳았다. 셀프리지, 해러즈, 포트넘 앤 메이슨 등 고급 백화점과 웨이트로즈 그리고 파리의 고급 식료품점인 봉마르쉐에도 케이크를 납품하고 있다.

프레이저 도허티 Fraser Doherty
청년 사업가

세계보건기구WHO가 '설탕은 비만과 당뇨의 주범'이라고 선언하자 일부 국가에서 설탕세 부과, 설탕 함유량 표기 의무화 등 설탕 사용 규제가 등장하기 시작했다. 이러한 결과로 코카콜라, 펩시, 네슬레 등 글로벌 식품 기업들이 심각한 고민에 빠진 것과 대조적으로 영국의 청년 사업가 프레이저 도허티는 활짝 웃고 있다. 그가 자신의 할머니의 레시피를 응용하여 만든 슈퍼 잼Super Jam은 설탕과 식품 첨가물을 넣지 않고 백 퍼센트 과일로만 만든 천연 잼으로 영국 고급 슈퍼마켓 웨이트로즈에 입점한 첫 날, 하루 만에 1천5백 병이 넘게 팔렸다. 스무 살의 나이에 단돈 2파운드로 사업을 시작한 그의 청년창업성공기는 《나는 스무 살에 백만장자가 되었다》라는 책으로도 출간되는 등 우리나라를 비롯한 세계 여러 나라에서 화제를 낳았다.

중고물품 속에서 나만의 보물찾기,
카 부 트 세 일

인간은 적응의 동물이라고 했던가.

　한없이 낯설기만 했던 도시도 어느 순간 익숙해지는 때가 온다. 스스로 점점 현지화되어 가고 있다고 느껴질 때가 오는 것이다. 가벼운 비는 대수롭지 않게 그냥 맞고 다닐 때, 지금까지 버터 바른 듯 굴렸던 알R 발음을 점점 약하게 발음하고 티T 발음을 점점 강하게 발음할 때, 나는 스스로 점점 영국화되어 가는 것 같다고 느낀다. 그런데 결정적으로 '나도 이제 런더너가 다 되었구나' 라고 느낀 순간은 따로 있는데, 일요일마다 집 앞 카부트 세일Car Boot Sale에 가는 재미를 느끼기 시작하면서다.

　우리 집 근처에는 '핌리코 아카데미Pimlico Academy'라는 학교가 있는데, 일요일마다 학교 뒤뜰에서 카부트 세일이 열린다. 부트Boot는 자동차 트렁크Trunk의 영국식 표현으로, 카부트 세일은 말 그대로 쓰던 물건을 자동차 트렁크에 넣어 가지고 나와서 파는 일종의 벼룩시장이다. 웬만한 동네마다 주말이면 공원이나 학교 운동장에서 카부트 세일 장이 열릴 정도로 영국에서는 흔한 모습이다. 하지만 나는 이 동네에 사는 동안 최근까지도 카부트 세일에 눈길 한 번 준 적이 없는데, 사실 뉴욕에서 살던 시절에 벼룩에 된통 당한 적이 있기 때문이다. 당시에 한국으로 돌아가는 친구들에게 그들이 쓰던 물건들을 하나씩 받아 요긴하게 쓰곤 했는데, 한번은 친구가 주고 간 벽걸이 거울에서 벼룩이 옮아 한동안 크게 고생한 적이 있다. '베드 버그Bed bug'라고 부르는 벼룩은 지금 생각해도 끔찍할 정도로 지독한 놈이었다. 한번 옮으면 박멸하기도 어려워서 이 녀석 하나 때문에 정말 '초가삼간 태워야 할' 지경까지 갔었다. 벼룩에 물린 자리는 도저히 참기 힘들 정도로 가렵고 흉도 오래 남아 병원까

지 다녀야 했다.

우리나라에서는 6.25 이후 찢어지게 가난하던 시절에나 있던 벼룩을 '세계적인 도시' 뉴욕에서 옮으니 당황스럽기 그지없었고, 당시 너무도 괴로워서 귀국을 심각하게 고민했을 정도였다. 그때 벼룩에 심하게 데인 이후로 나는 중고라면 거들떠보지도 않았고, 심지어 공원 잔디밭이나 야외 벤치에도 함부로 앉지 않았다. 그러니 일요일마다 집 앞에서 열리는 벼룩시장에 관심을 가질 리 없었다.

그러던 어느 날, 끔찍한 베드 버그의 기억마저 잠시 잊게 만든 사건이 발생했다. 친구의 집에서 열린 가벼운 홈 파티에서 서로 주말에 있었던 이야기들을 나누다가 초등학생 아이가 있는 어떤 선배 주부 한 분이 가족과 함께 집 근처 카부트 세일에 다녀온 이야기를 꺼낸 것이다. 그러자 모여 있던 다른 이들도 속사포처럼 각자 카부트 세일 경험담을 쏟아내기 시작했고, 그들의 이야기를 들을수록 점점 베드 버그에 대한 두려움은 흐릿해졌다. "마음에 쏙 드는 빈티지 꽃병을 엄청 싼 가격에 데려왔어" 혹은 "정말 새것처럼 보이는 폴 스미스의 키링을 단돈 1파운드를 주고 샀어" 등 다들 카부트 세일에서 횡재(?)하고 돌아온 이야기를 듣다 보니 슬슬 '나도 한번 가볼까?' 하는 생각이 들기 시작했다.

그날 이후 일요일이 되자마자 카부트 세일이 열리는 집 앞 학교 뒤뜰로 향했다. 우리 집 앞 카부트 세일 장은 판매자와 구매자 모두 참가비가 있는데, 구매자의 경우에는 입장료가 5파운드지만 오전 11시 30분 이후에는 입장료가 1파운드로 떨어진다. '먼저 잡는 사람이 임자'인 장터의 특성상 일찍 갈수록 더 좋은 물건을 구할 수 있겠지만, 무언가를 사겠다는 뚜렷한 목적보다는

'영국인들의 카부트 세일은 어떤 분위기일까?' 하는 호기심이 더 컸기에 1파운드만 내고 가벼운 마음으로 느긋하게 입장했다.

운동장 뒤뜰은 중고품을 사고파는 사람들로 가득했다. 자동차 트렁크에 물건을 마구잡이로 잔뜩 실어놓고 파는 사람, 나름 근사하게 테이블 위에 물건을 진열해놓고 파는 사람, 무심한 듯 길 위에 자리를 펼쳐놓은 사람 등 그 모습도 가지각색이었다. 다들 어떤 물건들을 가지고 나왔고, 다른 사람들은 무엇을 사갈까? 호기심 어린 눈길로 한 바퀴 획 둘러보았다.

입던 옷을 비롯하여 신발, 가방 등의 잡화뿐만 아니라 책, 전자제품, 생활용품 등 온갖 물건들을 가지고 나와 흥정하는 모습을 보니 문득 서울의 황학동 풍물시장이 떠올랐다. 1파운드부터 시작되는 간단한 잡동사니들도 보였고, 아무리 중고여도 꽤 가격이 나가 보이는 비싼 물건들도 눈에 띄었다.

그중에는 예전에 전문 빈티지 의류 숍을 했었는지, 예사롭지 않은 옷과 가방을 가지고 나온 아주머니도 있었다. 그녀가 파는 물건 중에는 디자인이나 라벨로 보건대 단순히 철 지난 옷이라고 부르기에는 미안할 정도로 소장 가치가 있어 보이는 빈티지 버버리 트렌치코트도 있었다. 이런 물건들은 도대체 얼마일까 궁금해서 가격을 물어보니 50파운드라고 한다. 요즘 런던의 버버리 아웃렛 매장의 트렌치코트 가격이 700파운드가 넘는 것에 비하면 아주 저렴하다. 거의 입지 않았는지 상태도 무척 좋아 보이고 런던에서 트렌치코트를 하나 장만해두면 평생 특별한 물건이 될 것 같아 잠시 망설였지만 결국 빈손으로 집에 돌아왔다.

다른 사람들을 보니 옷이나 신발은 물론이고 양손 가득 다양한 물건들을 들고 있었다. 나는 중고품에 대해 특별한 거리낌은 없는 편이지만 유독 중고 옷은 왠지 모르게 찜찜한 마음이 든다. 하지만 비록 나에게는 쓸모가 없지만

[나만의 런던을 찾아내는 방법]

버리기에는 아까운 물건들이 필요한 사람을 만나 요긴하게 쓰인다면 그보다 합리적이고 알뜰한 소비도 없을 것이다.

카부트 세일에서 보았던 여러 가족 중에 특히 부모를 따라온 아이들이 자기가 어릴 적 가지고 놀던 장난감들을 직접 파는 모습이 인상적이었다. 자칫 물건 귀한 줄 모르고 한없이 낭비하기 쉬운 요즘 아이들이 바람직한 경제 개념을 배울 수 있는 교육적인 체험인 듯했다. 런던 외곽 지역의 카부트 세일에 비하면 런던의 깍쟁이들은 인심이 야박하다고들 하지만 어쨌든 오래간만에 진짜 사람 냄새 나는 모습을 구경한 재미있는 경험이었다.

문득 지난해에 이삿짐 정리를 하던 일이 생각났다. 사실 나는 멀쩡한 물건을 쉽게 버리지 못하는 성격인데다가 둘째가라면 서러운 알뜰 족이다. 한꺼번에 짐 정리를 하다 보니 보관할 곳이 마땅찮아 어쩔 수 없이 꽤 많은 신발과 옷, 생활용품들을 버리면서 눈물을 삼켰었다. 필요한 사람이 있으면 주고 싶은 물건들도 꽤 많았지만 가까운 사이도 아닌데 중고품을 주면 불쾌해할 수도 있고, 마땅히 누구에게 주어야 할지 고민할 틈도 없고 해서 멀쩡한 물건들을 내다버렸다. 어차피 자리를 펼쳐놓고 모르는 사람들에게 물건을 팔 주변머리는 없는 터라 그때 이렇게 좋은 제도들을 알았더라도 카부트 세일에서 물건을 팔지는 못했겠지만, 그 아까운 물건들을 동네에 많고 많은 채리티 숍 Charity Shop에 가져다 줄 수는 있었을 텐데…. 그렇다면 누군가에게는 요긴하게 쓰였을 텐데 말이다. 나보다 더 깔끔을 떨어 카부트 세일에 같이 가자고 꼬여도 눈 하나 깜짝 안 할 것 같던 남편도 내가 카부트 세일에 다녀온 이야기를 들려주니 "우리도 갖다 팔 물건 없나?"하며 너스레를 떤다.

그런데 이미 집에 돌아온 지금, 낮에 본 웨지우드 컵과 소서가 계속 눈앞에 아른거린다. 수많은 물건들 속에서도 한눈에 들어왔던 그 컵은 상태도 거의 새것처럼 양호했고 가격도 10파운드에서 흥정 가능하다고 했는데 왜 그냥 지나쳤을까? 후회가 막심하다. '다음주 일요일에 가면 이미 누군가가 사가고 없겠지?'라는 생각이 계속 머릿속을 맴돈다. 이렇게 나도 카부트 세일에 점점 중독되어가고 있나 보다.

핌리코 아카데미에서 열리는 카부트 세일 정보

ADD 🔵 *Pimlico* Pimlico Academy, Lupus Street, London SW1V 3AT(카부트 세일은 치체스터 스트리트 쪽 입구로 들어가야 한다.)

TIME 매주 일요일 (부활절, 크리스마스, 1월 1일은 휴무) 11:30〜14:30

COST 구매자의 경우 얼리 버드 엔트리^{Early bird entry}라 하여 오전 10시 15분부터 입장하는 사람은 5£이고, 오전 11시 30분부터 입장하는 사람은 1£(16세 미만은 무료 입장)이다.

HOMEPAGE www.capitalcarboot.com

* 판매자의 경우 학교 건물 내에서 판매를 할 것인지, 야외 운동장에서 판매를 할 것인지 혹은 입장하는 차가 승용차인지 밴인지 등에 따라 10£에서 22£까지 가격 차이가 있다.

영국의 카부트 세일 정보

영국 대부분의 지역에서는 학교 운동장이나 공원 혹은 교회 안마당 등 주차 공간이 많은 곳에서 주말마다 카부트 세일이 열린다. 판매자와 구매자 모두 약간의 참가비가 있는데(보통 판매자의 참가비가 더 높다) 구매자에게는 참가비가 무료인 곳도 있다. 런던 중심지보다는 외곽 쪽에서 열리는 카부트 세일의 규모가 더 큰 편이라고 하지만, 굳이 멀리 나갈 것 없이 집에서 가장 가까운 곳에서 열리는 카부트 세일 장에 들러 런더너들의 주말을 들여다보는 것은 어떨까?

지역별 카부트 세일 정보

www.carbootjuction.com

www.carbootsales.org

(영국 전역의 카부트 세일 정보를 검색할 수 있고, 퀄치와 입장료, 시간과 지도를 확인할 수 있다.)

바른 소비에 대한
영국인들의 의식

영국의 채리티 숍
Charity Shop or Thrift shop

2002년 '아름다운 가게'가 처음 설립된 이후 우리나라에도 기부 문화가 자리를 잡아가고 있지만, 영국은 우리보다 기부의 역사에 있어 한참 선배다. 실제로 아름다운 가게가 본보기로 삼은 옥스팜Oxfam은 1942년에 설립된 이래 현재 영국 전역에 750여 개의 매장이 있으며, 수익금은 가난과 기아에 허덕이는 전 세계의 난민들을 위해 쓰이고 있다. 환경 보호, 아동 보호, 심장병 환자 돕기 등 구호 목적에 따라 등록된 채리티 숍의 수는 영국 전역에 6천여 개가 넘으며, 10만 명의 자원봉사자들이 활동하고 있다.

실제로 우리 집에서 근처 대형마트까지 걸어가는 10분 남짓한 시간 동안 길에서 동네 구멍가게만큼 흔하게 볼 수 있는 곳이 바로 채리티 숍이다. 이곳에 가면 영국인들의 합리적인 소비 의식과 활성화된 기부 문화를 눈으로 직접 확인할 수 있다. 이런 문화가 형성된 배경에는 어린 시절부터 학교에서 배워온 기부 습관이 있다. 대부분의 가정에서는 더 이상 쓸모가 없지만 멀쩡한 물건들을 집 근처 채리티 숍에 기부하는 것이 당연한 문화로 자리 잡고 있다. 실제로 판매하는 모든 물건들이 지역 주민들의 기증품으로 이루어져 있고, 기증된 중고물품의 구매 또한 매우 왕성하게 이루어진다.

이곳에서 판매되는 물건들 중에는 실제로 임종을 앞둔 노인이 기증한 손녀와의 추억이 담긴 60년도 더 된 장난감도 있고, 어느 통 큰 부인이 가져다놓은 샤넬백도 있다. 대가를 바라지 않고 진심으로 이루어지는 수많은 채리티 숍의 기증품 속에서 진귀한 물건들을 만날 수 있다.

바른 소비에 대한 영국인들의 의지와 열정, 공정거래 무역Fair Trade

또한 채리티 숍에서 자원봉사 활동을 한 경력은 영국에서 취업을 할 때 가산점으로 인정받을 수 있다. 영국에 어학 연수를 온 학생들도 나눔을 체험하며 영국인과 가까이 할 수 있는 뜻깊은 경험으로 삼아 참여하는 경우가 많다. 런던 여행 중에 세계에서 가장 기부 문화가 앞선 영국의 채리티 숍을 한번 들러보는 것은 어떨까? 영국인의 손때 묻은 물건들 속에서 으연히 나만의 보물을 찾을 수도 있을 것이다.

런던의 대표적인 채리티 숍

All Aboard, Barnardo's, British Heart Foundation, British Red Cross, Cancer Research UK, Crusaid, Fara Kids, Octavia Foundation, Oxfam, Retromania, Salvation Army, Traid, Trinity Hospice, YMCA Boutique

영국인들의 소비 문화에는 칭찬해야 할 점이 한 가지 더 있다. 바로 영국은 세계에서 가장 먼저 공정거래 무역Fair Trade을 시작한 나라인 동시에 현재 세계에서 공정거래 무역이 가장 활발한 곳이다.

아프리카, 남미 등 제3세계의 농가에서 수확한 커피와 카카오는 중간상인들이 독점적으로 싼값에 사들여 선진국에 비싸게 팔고 있는데, 그 중간 이윤은 대부분 중간상인들의 몫으로 돌아간다. 우리가 커피 한 잔을 마실 때 4천 원이라는 적지 않은 돈을 지불해도 커피 농가의 노동자에게는 고작 10원밖에 돌아가지 않는 상황이 벌어지는 이유다. 이처럼 부당한 거래에서 벗어나 투명한 직거래를 통해 그들에게 합당한 대가를 지불하고자 하는 것이 공정거래 무역의 취지다. 영국은 공정거래 무역을 가장 활발하게 이끌어가고 있는 국가로 런던에서 생활하다 보면 '페어 트레이드fair trade'라는 문구를 실생활에서 지속적으로 접할 수 있다.

실제로 집 근처 대형 마트를 비롯한 여러 곳에서도 '페어 트레이드' 마크가 붙은 바나나와 후추, 설탕 등의 제품을 꾸준히 가져다 놓으며 소비를 장려하기 때문에 어떤 때는 스스로도 의식하지 못한 채 자연스럽게 그들의 뜻에 동참하게 되는 경우도 있다.

영국은 인구의 절반이 공정거래 무역을 통한 착한 소비에 지속적으로 뜻을 같이하고 있다고 한다. 상대적으로 빈곤한 나라를 원조를 통해 지원하는 것이 아니라 정당하고 공정한 거래를 통해 자립할 수 있도록 돕는 제도를 만들고, 가격이 조금 비싸더라도 기꺼이 지불하는 성숙한 의식을 가지고 있는 곳, 바로 영국이다.

런던 새내기 주부의
신 나는 **마트 놀이**

런던이라는 새로운 도시에서 시작된 신혼 생활을 맘껏 누리고자 요즘은 잠시 키친을 떠나 가사에 전념하고 있다. 하지만 이제 주부 코스프레도 슬슬 힘에 부쳐온다. 이 책이 세상에 나올 때쯤이면 다시 레스토랑 키친으로 돌아가리라 단단히 마음의 준비를 하고 있는, 한마디로 임시 전업주부인 셈이다.

청소하랴, 빨래하랴 주부의 하루는 바쁘다. 그중 주요 업무는 뭐니 뭐니 해도 '밥 차리기'다. 게다가 남편은 도시락을 싸가지고 다니는 터라 '내일은 어떤 도시락을 싸야 하나?'가 매일의 고민거리다. 특히 회사에서 부인이 요리사라고 소문이 난 뒤로 동료들이 남편의 도시락에 유독 관심을 갖는다는 사실을 알고 부쩍 신경이 더 쓰인다. 행여 같은 메뉴가 자주 반복되면 빈약한 레퍼토리가 들통 날까 '요리사 와이프'의 체면을 지키기 위해 남몰래 고심하고 있다.

그러다 보니 보통 3일에 한 번은 장을 보러 가게 된다. 한꺼번에 보름치의 장을 보면 한 달에 두 번만 슈퍼가켓에 가면 되지만, 집 안 구조상 한꺼번에 많은 양의 장을 볼 수 있는 형편이 아니다. 빌트인 냉장고가 120리터짜리 소형인 데다 집도 작은 스튜디오라서 보름치 장을 한꺼번에 본다면 아마 식료품을 안고 자야 할지도 모를 일이다. 게다가 자가용도 없어서 물건이 많으면 다 들고 올 수도 없다.

이쯤 되면 '객지에서 얼마나 빈곤한 생활을 하기에?'라며 측은하게 여길지도 모르겠다. 하지만 자초지종을 설명하자면 현재 우리 집은 평균 집값이 런던에서 두 번째로 높다는 핌리코Pimlico에 있다. 런던의 가장 중심지인

1존에 있지만 집은 10평 남짓한 비좁은 스튜디오다. 1존의 집들은 어찌나 세가 비싼지 이 작은 집이 좀 더 외곽에 있는 3~4존의 투 베드룸 가격과 맞먹는다. 이 돈이면 서울에서는 한강이 내려다보이는 고급 아파트에 살 수 있을 테고, 뉴욕에서는 중심지인 미드타운의 원 베드룸에 살 수 있는데…. 살인적인 집세에 그저 한숨만 나올 뿐이다.

런던은 중심인 1존부터 가장 외곽인 6존까지 마치 활을 쏘는 과녁처럼 퍼져나가는 구조로 이루어져 있다. 가장 중심인 1존이 당연히 가장 집세가 비싸고, 중심에서 멀어질수록 집세는 저렴해지지만 튜브^{Tube}(지하철)의 탑승 가격이 조금씩 높아진다.

주변에서는 런던 외곽에 집을 구하면 훨씬 더 넓은 집에서 자가용을 굴리면서 살 수 있다고 조언을 한다. 하지만 건축 설계회사에 다니는 남편은 야근이 잦은 편이고, 나도 레스토랑에서 일을 하게 되면 퇴근 시간이 보통 밤 12시가 되기 때문에 아직은 안전과 접근성이 먼저라는 결론으로 남편의 회사가 있는 코벤트 가든에서 멀지 않은 곳에 집을 구하게 된 것이다.

그나마 다행인 것은 집 근처에 장을 볼 수 있는 곳들이 많다는 점이다. 핌리코역에서 지하철역으로 한 정거장 떨어진 빅토리아역은 영국 전역으로 출발하는 기차와 고속버스가 있는 교통의 요충지다. 그래서 유동 인구가 많은 탓에 근처에 다양한 브랜드의 슈퍼마켓들이 많다. 그리고 이 동네에는 일일 야외 장터인 파머스 마켓(재배자가 직접 재배한 물건을 파는 직거래 장터)도 두 곳이나 선다. 런던에서는 파머스 마켓이 활발히 장려되고 있는데 지역별로 골목 야외 장터를 흔히 볼 수 있다는 점도 우리나라에서는 볼 수 없는 흥미로운 모습 중 하나다. 이 밖에도 우리 동네에는 이민자들이 운영하는 작은 구멍가게가 여섯 곳 정도 있고, 기업형 체인 슈퍼마켓도 다섯 군데나 있다.

사실 그 나라의 먹거리 문화를 가장 잘 엿볼 수 있는 곳이 슈퍼마켓이기 때문에 다른 나라에 여행을 가면 그 나라의 슈퍼마켓에 꼭 가볼 정도로 나에게 장보기는 취미이자 신 나는 놀이다. 런던에는 약 20여 개의 기업형 슈퍼마켓 체인이 있는데, 개인적으로 좋아하는 브랜드는 웨이트로즈Waitrose와 막스 앤 스펜서M&S다. 둘 다 고급형 브랜드로 주로 고소득자들이 거주하는 부촌이나 시내 중심에 위치해 있다. 하지만 고급형 슈퍼마켓이라고 해서 캐비아나 트러플 같은 고가의 식료품과 럭셔리 푸드 브랜드만 잔뜩 가져다놓거나 터무니없는 가격의 식료품만 가득한 곳은 절대 아니다.

이곳들은 누가 봐도 한눈에 소비자의 눈길을 사로잡을 만큼 여타 마트와는 다른 확실한 차별점을 가지고 있다. 일단 자체 브랜드PB: Private Brand의 비중이 높아 다른 마트에서 흔히 볼 수 없는 제품들이 많고, 품질도 좋은 편이다. 얼마 전에는 웨이트로즈의 베이비 바텀 버터라는 제품이 영국 엄마들 사이에서 품질을 인정받아 전 매장에서 품절되는 현상이 벌어지기도 했다. 특히 보

기 좋은 떡이 맛도 좋다고 이 PE제품들은 패키지 디자인이 심플하면서 고급스러워 구경만 해도 흥미로운 것들이 많다.

영국의 패키지 디자인은 수준이 높기로 유명한데, 특히 이곳에 있는 물건들은 예쁜 깡통 패키지 때문에 물건을 살 때도 있을 정도로 마음에 쏙 든다. 차와 과자는 팬시점에서 파는 엽서만큼이나 아기자기하고 예쁜 패키지에 담겨 있고, 유기농 주스 패키지는 깔끔하고 신선해 보여 왠지 마시면 건강해질 것 같은 기분이 마구마구 든다. 이렇게 각 내용물의 특징을 잘 살린 것은 물론이고 보는 사람들의 기분까지 좋아지게 만드는 감성적인 디자인이 큰 매력이다.

이곳의 패키지 디자인만큼 매장 내 디스플레이도 눈길을 사로잡는다. 깔끔하고 정갈하게 진열된 것은 기본이고, 책의 인덱스처럼 구분된 진열 방식 덕에 확실하게 정보 전달이 되어 원하는 제품을 구매하기 편리하게 되어 있다. 웬만한 샌드위치 전문점보다 많은 25가지의 샌드위치를 파는 막스 앤 스

KETTLE
CHIPS
GOLDEN PARSNIP,
SWEET POTATO
& BEETROOT
Tyrrells
SWANKY VEG
Tyrrells
SWANKY VEG
Tyrrells
Tyrrells
CRINKLY
Tyrrells
Tyrrells
Tyrre
VEG CRISPS
Tyrrells
VEG CRISPS
SCOTTISH
SCOTTISH

펜서의 경우, 내용물의 특징별로 생선, 소고기, 닭고기, 오리고기, 채소 등 다양한 식습관과 기호를 고려해 한눈에 구별할 수 있게 진열해둔 덕에 원하는 샌드위치를 쉽게 찾을 수 있다.

특히나 메뉴 위주로 구성되어 포장된 식재료들은 색다른 메뉴도 매우 발 빠르게 업데이트되는 덕에 요리에 자신이 없는 사람이나 무엇을 해먹어야 할지 고민하는 사람들의 걱정을 말끔하게 해결해주고, 요리사인 나도 이러한 구성을 보고 아이디어를 얻을 정도로 쏠쏠한 공부거리가 되고 있다.

이쯤 되면 내가 이 두 슈퍼마켓의 애찬론자 같아 보일지 모르겠다. 하지만 불행히도 이곳들은 집에서 20분이나 걸어가야 하는 거리에 있는 터라 실상은 집에서 가까운 슈퍼마켓을 주로 이용하고 있다.

내가 평소에 자주 가는 마트는 집에서 가장 가깝기도 하고 집 근처 슈퍼마켓 중 매장 규모가 제일 큰 중저가 브랜드인 세인스버리Sainsbury's다. 걸어서 10분 거리로 적당히 가깝고 영업 시간이 아침 7시부터 밤 11시까지라 여유 있게 장을 보기에도 좋다. 퇴근 시간인 오후 6시쯤이 가장 붐벼서 주로 낮이나 밤늦게 장을 보러 간다. 남편도 장 보는 걸 좋아해서 가끔 퇴근 시간에 만나서 장을 보기도 하지만 지나치게 붐비는 시간이라 웬만하면 피하고 싶다. 근처 주민들이 대부분 직장인이고, 젊은 부부들은 대부분 맞벌이라 퇴근 시간대에 홀로 장을 보러 오는 사람이 굉장히 많다.

런던은 살인적인 물가로 유명하다. 어른 두 명이 중저가 레스토랑에서 외식을 하려면 보통 30~40파운드(약 6~8만 원)가 들 정도로 외식 비용이 높아 대부분은 가정에서 직접 요리해 먹는 경우가 많다. 나도 맞벌이를 하기 전까지는 생활비를 줄이기 위해 외식을 최대한 자제하기로 하고, 요즘은 '하루 식재료비 10파운드 미만'에 도전하고 있다. 그렇게 잡아도 한 달이면 식비만

300파운드, 즉 60만 원이고, 매달 11만 원 정도의 비싼 주민세^{council tax}와 수도세, 가스비, 물값 등의 각종 공과금과 교통비, 전화, 인터넷 요금 등을 내면 생활비만 700파운드 정도가 든다. 즉, 매달 월세를 제하고도 기본 생활비만 꼬박 1백만 원을 넘기는 것이다. 아낀 것이 이 정도이니 런던에서 외벌이로 살기는 정말 빠듯하다.

'오늘은 과연 10파운드 미만 식재료비 도전에 성공할 수 있을까?' 짧은 고민 후, 일단 오늘은 라자냐로 메뉴를 정했다. 최근 2존에 있는 웬만한 슈퍼마켓에서도 한국산 고추장이나 라면 같은 수입 재료를 찾아볼 수 있게 되었지만 아직 핌리코 세인스버리에는 한국 식재료가 없어 어쩔 수 없이 주로 서양식 메뉴를 만들고 있다.

오늘은 퇴근 시간이 되기 전인 4시쯤에 세인스버리로 갔다. 일단 다진 소고기를 사러 정육 코너를 찾았다. 정육 코너에는 유기농 고기와 일반 고기가 잘 구분되어 있고, 최근에는 드라이에이지드^{dry aged} 소고기를 진공 포장해 판매하는 프리미엄 제품 라인이 추가되었다. 영국에서는 광우병 파동이 크게 일어난 적이 있고, 얼마 전에는 세인스버리의 포장용 소고기 패티에 말고기가 섞였다는 등 먹거리 파동이 있었던 터라 나는 조금 더 비싸더라도 이왕이면 출처가 분명한 것이나 유기농 제품을 구입한다. 유기농 소고기 한 팩은 낱개로 4파운드가 조금 넘지만 다른 고기와 함께 3팩을 사면 10파운드로 할인이 되어서 보통은 묶음으로 산다.

그다음 필요한 것은 마늘과 양파 그리고 허브다. 요즘은 오이도 반으로 잘라서 팔고 마늘도 세 뿌리씩 묶어 파는 등 소포장 상품이 많아져서 특히 5일만 지나도 시들해지는 채소의 낭비를 줄일 수 있어 좋다. 고기도 최근 1~2인용으로 소포장된 것들이 추가되었다. 우유도 손바닥만 한 앙증맞은 사이즈,

Free From
Canned Meat & Fish
Fruit & Desserts
Free From
Mesa Sunrise
Dried Fruit & Nuts
9bar
£3.10
£1.50

와인과 디저트도 1인용 소포장 제품이 추가되어 싱글족이나 우리 같은 2인 가족에게는 편리한 점이 많아졌다.

이제 파스타와 토마토 소스를 사러 갈 차례다! 런던의 마트는 대부분 고기, 생선, 채소나 과일 등 신선 식재료의 비중이 전체 매장의 20퍼센트밖에 되지 않고, 40퍼센트 이상을 가공식품이나 생필품이 차지하고 있다. 가공식품 중에서는 다국적 인터내셔널 재료의 비중도 높아서 서양 요리 재료와 맞먹을 정도다. 다양한 멕시칸 요리용 소스, 중동 요리용 소스, 중국 요리 재료 등 종류만도 수십 가지가 넘고, 두부와 간장 역시 마트에서 기본으로 가져다 놓는 재료가 된 지 오래다.

일반 가정에서 해 먹는 메뉴도 전통적인 영국식 가정 요리나 서양식 메뉴에서 동양 메뉴까지 다양해지다 보니 어느 슈퍼마켓이나 채소 코너 한쪽에는 볶음 면 요리stir fry 코너가 따로 있어 재료들을 구매하기 편리하다. 위쪽 선반에는 소스류, 다음 칸에는 손질된 모듬 채소류, 그 아래 칸에는 면류가 있고, 그중에서 하나씩 골라 세 가지를 묶음 구매하면 훨씬 저렴하다. 실제로 이런 요리들을 동양인이 아닌 영국인들이 장바구니에 담는 모습을 쉽게 볼 수 있는데, 전통 식문화가 발달하지 않았기 때문에 오히려 이국적인 메뉴를 쉽게 받아들이는 융통성이 있어 가능한 모습이 아닐까?

오븐에 넣으면 바로 완성되는 반조리 상태의 요리나 바로 먹을 수 있게 완전 조리된 HMR Home Meal Replacement의 비중도 매우 높은 편이다. 메뉴도 트렌드에 맞게 지속적으로 업데이트되어 인도 음식은 기본이고, 최근에는 북유럽 문화의 영향으로 스칸디나비안 메뉴와 아시아 메뉴들도 많이 추가되었다. 스시는 기본이고, 중국식 덤플링, 누들 그리고 최근에는 동남아시아의 사타이satay와 나시고렝Nasi Goreng 같은 이국적인 메뉴까지 추가되었다. 아직까지 한식 메뉴는 찾아볼 수 없지만 요즘 런던에서 한식이 인기를 끌고 있으니 조만간 한식 메뉴도 추가되지 않을까?

이 HMR 메뉴들은 직장인들의 점심으로도 꽤 인기가 많다. 한번은 남편에게 다른 직장 동료들은 점심을 어떻게 해결하느냐고 물어보니 레스토랑에서 포장 주문을 해서 먹는 사람도 있지만 회사 근처에 있는 막스 앤 스펜서에서 에피타이저, 메인 요리, 디저트 중에서 하나씩 골라 세트로 사면 저렴한 밀 딜 Meal Deal을 사다 먹는 사람이 많다고 한다. 디저트로 마카롱도 팔 정도이니 가격 대비 매우 수준 높은 메뉴라 할 수 있다.

심지어는 완전 조리된 메뉴를 사다가 사무실에 비치된 전자레인지에 돌려 먹는 직원들도 꽤 많다고 한다. 오히려 근처의 그저 그런 레스토랑보다 막스 앤 스펜서의 HMR 메뉴가 종류도 많고 맛도 더 좋다고 할 정도로 이곳 슈퍼마켓의 음식 수준은 훌륭한 편이다.

[나만의 런던을 찾아내는 방법]

자, 이제 나의 10파운드 미만으로 라자냐 재료 구입하기의 마지막 코스인 소스 고르기 순서다. 라자냐에 들어갈 토마토 소스와 파스타, 모차렐라 치즈는 재료비를 절약하기 위해 자체 브랜드 상품을 사는 것으로 오늘의 쇼핑을 마쳤다. 집에서 가져온 에코백(환경보호 차원으로 아낀 비닐봉지 개수만큼 포인트를 준다)과 지난번에 계산할 때 받은 더블포인트 쿠폰을 챙겨 들고 계산대로 향했다. 품목이 몇 가지 되지 않으니 셀프 계산대를 이용해야지!

마트 계산대에는 셀프 체크아웃 코너가 있다. 보통 젊은이들이 많이 이용하는 편이고 쇼핑 물품이 많은 사람이나 이런 시스템을 처음 이용해보는 사람, 노인들은 주로 계산원이 있는 계산대를 이용한다. 전부 바코드를 찍어 장바구니에 넣으니 총 9.3파운드다. 한 끼 식재료비 10파운드 미만 도전에 성공했다. 짝짝짝! 미션 성공의 뿌듯함을 느끼며 저녁 메뉴를 준비하다 보니 어느새 신랑이 퇴근을 하고 돌아왔다. 그런데 술꾼인 신랑의 오른손에 들려 있는 것은 맥주가 아닌가! 그것도 4캔 묶음으로 사 들고 왔다. 맥주 가격만 무려 7파운드. 분명 저 맥주들은 오늘 저녁을 넘기지 못하고 남편의 배 속으로 들어가겠지? 결국 10파운드로 저녁 차리기 도전은 오늘도 실패로 끝나고 말았다.

두 가지 버전의
라자냐 레시피

복잡한 요리 과정을 피하고 싶은
간편족을 위한 초간단 레시피

누구나 고추장과 된장을 사 먹는 시대다. 보통의 간편족이라면 슈퍼마켓에서 쉽게 구할 수 있는 조리된 토마토 소스를 이용해도 무방하다(사실 요리사인 나도 집에서 요리할 때는 최대한 간단한 요리 과정을 추구하는 간편족 중 한 명이다). 단, 기호에 따라 소스의 맛을 조절할 필요가 있다. 양파나 마늘을 넣거나 소금, 후추로 간을 조절하고, 기호에 맞는 허브를 추가하면 더욱 풍부한 맛을 낼 수 있다.

재료(3~4인분)

- 라자냐용 파스타(베이킹 팬의 크기와 깊이에 맞는 양을 준비)
- 시판 토마토 소스(라구Ragu를 구할 수 있으면 더 좋다) 1병(350g 정도)
- 시판 베샤멜 소스 1병(350g 정도, 영국에서는 조리된 베샤멜 소스를 슈퍼마켓에서 쉽게 구할 수 있다. 모차렐라 치즈 200g으로 대체 가능)
- 파르메산 치즈 간 것 50g
- 다진 소고기 500g
- 허브 작게 한 줌(타임, 바질, 오레가노, 로즈마리, 월계수 잎 중에서 기호에 맞는 걸로 골라서 쓴다)
- 양파(중간 크기) 1개, 마늘 1쪽
- 올리브 오일(식용유로 대체 가능), 소금, 후추 약간씩

토마토 소스 준비하기

* 재료를 준비하는 동안 오븐을 180~190도로 예열해두면 시간을 절약할 수 있다.

1 양파와 마늘을 잘게 썬다.
2 달군 팬에 올리브 오일을 두르고 다진 양파와 마늘을 볶는다.
3. ②에 다진 소고기를 넣고 소금, 후추로 간을 한 후 볶는다. (고기를 볶을 때는 간을 하는지 안 하는지에 따라 맛의 차이가 크다.)
4 ③에 토마토 소스와 허브를 넣고 간을 확인한 후 소스의 수분이 어느 정도 증발할 정도로 뭉근히 끓여준다. (소스의 수분이 너무 많으면 라자냐가 완성된 후 층이 무너지기 쉽다.)

파스타 삶기

* 영국에서는 미리 파스타를 삶을 필요 없이 바로 오
  븐에 넣을 수 있는 라자냐 파스타oven ready rasagna
  sheets가 있어 편리하지만, 이를 구할 수 없다면 라자
  냐용 파스타를 미리 삶아놓아야 한다.

1 냄비에 소금을 반 스푼 정도 넣고 물을 끓인다.
2 물이 팔팔 끓기 시작하면 파스타를 넣어 삶은 후 체
  에 밭쳐 서로 달라붙지 않게 펴준다. (오븐에 들어가
  면 더 익기 때문에 약간 덜 삶아진 듯해도 괜찮다.)

라자냐 쌓기

1 베이킹 팬 바닥에 삶은 라자냐용 파스타를 한 층
  깐다.
2 ① 위에 토마토 소스를 깔아준 후 베샤멜 소스(모차
  렐라 치즈로 대체 가능)를 한 겹 바른다.
3 ② 위에 라자냐 파스타를 한 층 더 깐다.
4 ③ 위에 토마토 소스를 간 뒤 파르메산 치즈를 뿌리
  고 그 위에 베샤멜 소스(없다면 모차렐라 치즈)를 한
  겹 바른다.
5 예열된 오븐에 넣고 윗면이 노릇노릇해질 정도로
  15~30분 동안 구우면 완성!

* 오븐에서 바로 나왔을 때보다 살짝 식혀서 먹으면 층
  이 무너지지 않고 유지된다.

요리 과정을 즐기는 홈셰프족을 위한 다소 진지한 레시피

재료(3~4인분)

· 라자냐용 파스타(베이킹 팬의 크기와 깊이에 맞는 양을 준비)
· 토마토 캔(잘게 다진 토마토 혹은 홀 토마토) 1캔 (350g 정도)
· 파르메산 치즈 간 것 50g
· 토마토 페이스트 15㎖
· 다진 소고기 500g
· 허브 작게 한 줌(타임, 바질, 오레가노, 로즈마리, 월계수 잎 중에서 기호에 맞는 걸로 고른다)
· 버터 50g
· 박력분 40g
· 우유 460㎖
· 양파(중간 크기) ½개
· 당근 ½개
· 셀러리 ½대(양파, 당근, 셀러리를 같은 비율로 준비한다)
· 올리브 오일 약간
· 소금, 후추 약간

(선택사항 : 레드 와인 1컵)

라구 소스 만들기

1 당근, 양파, 셀러리(이 세 가지 조합을 미르포아Mire Poix라고 한다. 서양 조리의 기본 채소다.)를 같은 크기로 잘게 다진다.
2 달군 팬에 올리브 오일을 두르고 미르포아를 볶는다.
3 ②에 다진 소고기를 넣고 소금과 후추로 간을 한 후 볶는다. (미르포아를 볶을 때보다 불을 좀 더 세게 해주어 고기를 볶을 때 수분이 나오지 않게 한다.)
4 ③에 토마토 페이스트를 넣고 볶아준 후 허브를 넣는다. (선택 사항 : 와인을 넣고 수분이 달아날 때까지 뭉근하게 끓여준다.)
5 토마토 캔을 넣고 끓여준다.

파스타 삶기

간편족과 동일

베샤멜 소스 만들기

화이트 소스라고도 불리는 베샤멜 소스는 서양 요리
의 5대 기본 소스five mother sauce 중 하나로 그라탕이
나 크로크 무슈, 마카로니 앤 치즈 등 여러 요리에 쓰
인다. 베샤멜 소스에 치즈를 넣거나 화이트 와인을 넣
으면 다양한 화이트 소스를 만들 수 있어 소스의 기
본이라고 할 수 있다.

1 버터가 녹을 정도로 미지근하게(버터가 타지 않을
   정도) 달군 팬에 밀가루를 넣고 볶는다. (소스나 수
   프의 기본이 되는 과정으로 루roux라고 부른다.) 황금
   빛이 돌기 직전의 흰색을 띨 때까지 볶는다.

2 ①에 우유를 세 번에 걸쳐 나눠 넣으면서 바닥에
   달라붙거나 덩어리지지 않게 계속 위스크로 저어
   주며 10분 정도 졸인다.

3 스푼으로 소스를 찍어봤을 때 스푼 뒤에 소스가
   흐르지 않고 붙어 있으면 알맞은 농도로 완성된
   것이다. 소금, 후추로 살짝 간을 하면 더욱 그소한
   맛이 난다.

라자냐 쌓기

1 베이킹 팬에 삶은 라자냐를 한 층 깐다.
2 ① 위에 라구 소스를 깔고, 파르메산 치즈를 뿌
   린다. 그 위에 베샤멜 소스를 한 겹 얇게 바른다.
   (베샤멜 소스를 너무 듬뿍 바르면 완성된 후 무너
   지기 쉽다.)
3 ①과 ②의 과정을 반복한 뒤 맨 위에 파르메산 치
   즈를 뿌려준 후 오븐에 넣고 겉이 노릇노릇해질
   때까지 15~20분 정도 구우면 완성!

라구 소스Ragu alla Bolognese란?

보통 볼로네제 소스라 불리는 라구 소스는 이탈리아
의 가정식 소스다. 대표적인 토마토 소스로 라자냐 외
에도 다양한 파스타 요리의 소스로 사용할 수 있다. 소
고기와 더불어 판체타Pancetta라는 염장한 베이컨과
이탈리안 소시지를 넣어주면 더욱 풍부한 맛이 난다.

런던의 **슈퍼마켓**

영국은 미국, 일본과 함께 세계적인 유통 산업 강국으로 슈퍼마켓이나 마트와 관련한 쇼핑 문화가 잘 발달되어 있어 일찌감치 유기농, 공정거래 무역, 유전자 변형 반대, 로컬푸드 등의 성숙한 소비 트렌드를 주도하고 있다. 영국은 다양한 가치를 중시하는 소비자들을 만족시키기 위한 슈퍼마켓 문화와 마케팅 연구에 앞서 있는 나라다.

런던에는 우리나라나 미국에서 흔히 볼 수 있는 창고형 대형마트가 없다. 그 대신 고급형부터 저가형까지 세분화된 20여 개의 체인형 슈퍼마켓 브랜드들이 있다. 그중 대표적인 중저가 슈퍼마켓인 테스코Tesco, 아스다Asda, 모리슨Morrison's, 세인스버리Sainsbury's가 전체 시장의 76%를 장악하고 있고, 웨이트로즈와 막스 앤 스펜서 같은 고급 브랜드가 10% 미만, 해러즈Harrods, 하비니콜스Harvey Nichols, 셀프리지Selfridges&Co., 포트넘 앤 메이슨Fortnum&Mason과 같이 백화점에서 운영하는 프리미엄 식품관이 상위 0.1%를 차지하고 있다. 덕분에 가격대별로 다양한 슈퍼마켓 쇼핑을 즐길 수 있어 '골라 즐기는' 재미가 쏠쏠하다.

한 달 동안 가볼 만한 슈퍼마켓과 푸드 스토어

웨이트로즈 Waitrose

고급형 슈퍼마켓 체인인 웨이트로즈는 왕실에 식료품을 납품하는 로열 워런트Royal Warrant 홀더이며, 일부 자체 브랜드 제품PB들이 전 매장 매진 현상을 보일 정도로 품질이 좋기로 유명하다. 영국의 유명 요리사 헤스톤 블루멘탈이 메뉴 개발에 참여한 '헤스톤 라인'과 찰스 왕세자가 설립한 유기농 식품 브랜드 '더치 오리지널Duchy Originals from Waitrose 라인' 등의 스페셜 라인을 출시하여 차별화된 고급형 마켓으로 인정받고 있다.

막스 앤 스펜서 Marks & Spencer

의류와 식료품 전문 마켓인 막스 앤 스펜서는 고급형 슈퍼마켓으로 얼마 전까지만 해도 백 퍼센트 자체 브랜드PB였던 것으로 유명했다. 감성적인 패키지를 소장하는 컬렉터들이 따로 있을 정도로 인기가 높다. 특히 완전 조리된 가정식 대체식품HMR의 맛과 메뉴의 다양성은 런던의 슈퍼마켓 중 가장 앞서 있다. 크리스마스 시즌의 상품들 역시 주목할 만하다.

테스코 Tesco

영국의 유명 그래피티 아티스트 뱅크시Banksy의 작품 중에 아이들이 테스코 비닐봉지를 숭배하고 있는 모습을 통해 자본주의를 꼬집은 작품이 있다. 테스코는 전 세계에서 미국의 월마트Walmart 다음으로 큰 유통업체이자 영국 내 시장 점유율 30퍼센트를 차지하고 있는 부동의 1위 슈퍼마켓이다. 런던에서는 테스코 익스프레스, 테스코 로컬, 테스코 메트로 등 주변 상권에 따라 매장 규모와 상품 범위가 다른 테스코 마트를 쉽게 볼 수 있다.

해러즈 백화점 Harrods

'백화점의 발상지'로 불리는 런던은 유럽의 백화점 역사가 시작된 곳으로 가장 앞선 백화점 문화를 자랑한다. 유럽에서 가장 큰 백화점인 해러즈 백화점 지하 1층에 위치한 푸드홀은 규모나 내용 면에서 압도적이다. 특히 이곳의 홍차는 매우 유명한데, No.42 얼그레이 티와 No.14 잉글리시 브랙퍼스트 티, No.49 블렌드 티가 베스트셀러다.

셀프리지 백화점 Selfridges&Co.

로열 워런트 홀더인 셀프리지 백화점의 푸드홀은 고품질의 상품과 인지도가 높은 엄선된 브랜드의 외식업체만 입점할 수 있기로 유명하다. 특히 테마별로 정기적으로 업데이트되는 한정판 자체 브랜드 제품PB과 일찌감치 디스플레이의 중요성을 내다보고 예술의 경지에 오른 백화점 쇼윈도 디스플레이도 놓칠 수 없는 구경거리다.

03°
LOOK THROUGH
그들의 런던을 훔쳐보는 방법

—LONDONERS EYES

펍, 가장 영국적이고 가장 서민적인 공간
꽃을 든 런던 남자들
브리티시 홀리데이, 농장에서 보낸 일주일
영국인 아줌마가 끓여준 홍차
엄마의 추억 속에서 딸이 케이크를 굽는 곳

펍, 가장 영국적이고
가장 서민적인 공간

하루 일과를 마무리하고 키친을 나서면 보통 밤 12시가 넘기 때문에 녹초가 된 동료들은 대부분 곧장 집으로 가기 바빴지만 마커스는 피곤한 몸을 이끌고 일주일에 절반은 레스토랑 뒷골목에 있는 바로 향했다. 그는 바에서 한결같이 맥주를 마셨다.

"술이 그렇게 좋아?"

"나는 영국인이잖아."

"영국인들은 다들 그렇게 술을 좋아해?"

"궁금하면 직접 가서 확인해봐!"

어느 날, 해가 저물어 어둑어둑해진 거리를 감상에 젖어 걷던 중 골목 어딘가에서 웅성거리는 소리를 들었다. 소리가 나는 쪽을 바라보니 멀리서도 눈에 띌 정도로 사람들이 바글바글 모여 있었다. '호떡집에 불이라도 났나, 무슨 일이지?' 가까이 가서 보니 죄다 펍 앞에서 술을 마시는 사람들의 무리였다. '마커스의 친구들이 여기 다 모여 있었잖아!'

월요일부터 수요일까지는 조금 자제하는 듯 보이던 사람들이 주말이 가까워질수록 펍 앞으로 하나둘씩 몰려들기 시작한다. 목요일 즈음부터 어둠이 내리면 어김없이 펍 앞은 맥주를 마시는 사람들로 문전성시를 이룬다. 고풍스러운 펍을 배경으로 울려 퍼지는 사람들의 왁자지껄한 웃음 소리와 대화 소리, 어깨를 마주치며 안주도 없이 한 손에 호박색 맥주를 든 사람들의 모습은 마치 다른 세상에 온 듯 생소해 보인다.

[그들의 런던을 훔쳐보는 방법]

그전에 살았던 뉴욕은 야외에서 술을 마시는 것이 불법이고, 구입한 술을 가지고 실외로 이동할 때도 항상 노란 종이봉투나 비닐에 담아서 다녀야 할 정도로 음주법Alcohol Law이 엄격했다. 뉴욕의 엄격한 음주법에 익숙해진 터라 길에서 자유롭게 술을 마시는 런더너들의 모습이 더욱 충격적으로 느껴졌는지도 모르겠다.

애주가인 남편은 런던에 정착한 지 얼마 지나지 않아 물 만난 고기처럼 이곳의 음주 문화에 유난히 빠른 적응력을 보여주었다. 특별한 일정이 없는 평일 저녁에는 집 앞에 있는 펍에 맥주나 한잔하러 가자며 나를 꾀기도 하고, 가끔 일이 잘 안 풀리는 날이면 집 앞 펍에 들러 홀로 하루의 피로를 털기도 했다. 그리고 현재까지도 일주일어 삼사 일은 퇴근길에 꾸준하게 회사 근처 펍으로 출근하는 성실함(?)을 보이고 있다. 영국인들과 어울리는 사교의 방법이니 절대 빠질 수 없다는 나름의 이유를 대며….

그나마 우리나라 직장인들의 회식처럼 술자리가 새벽까지 이어지는 경우는 없다는 것이 다행이다. 늦어도 밤 12시 전에는 꼬박꼬박 들어온다. 코가 비뚤어질 때까지 퍼 마시는 우리나라의 과격한 음주 문화에 비하면 이곳의 음주 문화는 신사적이다. 무엇보다도 밤 10시 30분쯤 되면 모든 펍이 마치 학교처럼 마지막 주문을 받는다는 것을 알리는 종을 치며(실제로 종이 달려 있다) 대부분은 밤 11시면 문을 닫는다. 집으로 돌아가야 할 시간을 알려주는 매우 모범생다운 이 문화가 얼마나 감사한지 모른다.

이곳 펍의 또 한 가지 특징은 직원이 절대 주문을 받으러 오지 않는다는 점이다. 아무리 기다려도 웨이터가 절대 주문을 받으러 오지 않고, 비어 탭들이 주르륵 늘어서 있는 바에 손님이 직접 가서 주문을 해야 한다. 관광객을 상대하는 펍은 경우에 따라 테이블에서 음식 주문을 받기도 하지만 맥주는 바에

서 주문하는 즉시 바텐더가 그 자리에서 컵에 맥주를 따라주고 계산까지 한다. 이처럼 영국인들의 음주 문화는 자유로운 듯 질서가 있고, 무절제한 듯 절제할 줄 아는 그들만의 규칙이 있다.

어쩌면 영국인들은 술을 좋아한다기보다는 펍에 가는 것을 좋아한다는 표현이 더 정확할지 모르겠다. 아무리 외딴 시골이라도 교회와 펍은 꼭 있을 정도로 영국인들에게 펍은 종교만큼이나 떼려야 뗄 수 없는 삶의 일부이자 그들의 일상을 가장 가까이에서 들여다볼 수 있는 곳이다.

영국의 펍 문화는 파리의 카페 문화만큼이나 오래되었고 또 자연스럽다. 노천카페에 앉아 에스프레소를 마시는 파리지앵의 모습만큼 볕이 좋은 오후면 할아버지가 호박색 에일 한 잔을 시켜놓고 신문을 읽기도 하는 런던 펍의 풍경은 평화로워 보인다. 활짝 핀 꽃으로 장식한 펍 앞에 앉아서 홀짝이는 시원한 라거 한 모금의 청량감과 기분 좋은 수다는 한여름 런던의 낭만을 더해준다.

특별한 볼일이 없는 어느 토요일 저녁, 우리는 집 앞 펍에 들렀다. 어느덧

이 동네에서 산 지도 2년이 되어 이제는 바텐더가 얼굴을 알아보고 가벼운 인사를 건넨다. 테이블에 앉아 한가롭게 사람들을 쳐다보았다. 삼삼오오 모여 맥주를 마시며 주말 저녁을 보내는 동네 주민들의 모습이 여유롭기만 하다. 시내 번화가에 있는 펍에 비해 동네의 펍은 왠지 모를 특유의 편안한 분위기가 느껴진다.

게다가 이곳 런던에는 술을 잘 못 마셔서 술자리가 부담스러운 나에게도 딱 알맞은 사이즈가 있다. 보통 물컵 하나 정도의 양인 하프 파인트^{half pint} 사이즈! 딱 기분 좋게 취할 수 있는 반가운 양이 있어 좋다.

미지근한 온도에서 마시는 기네스의 쌉쌀하고 깊은 풍미가 보리차처럼 구수하고, 카푸치노 거품처럼 달콤하게 느껴질 정도로 나도 이제 제법 펍에서 마시는 맥주 한 잔이 편하게 느껴지기 시작했다. 기네스가 목을 타고 넘어가며 은근하게 취하는 토요일 저녁의 기분이 꽤 괜찮다.

영국인들의 일상을 가까이에서 들여다보고 싶거나 가장 영국적인 추억을 만들고 싶다면 제일 먼저 펍에 가보자. 노인과 젊은이가 같은 공간에서 같은 것을 즐기고, 수백년 전의 사람과 오늘날의 사람이 소통하는 듯한 이 공간에

[그들의 런던을 훔쳐보는 방법]

서는 낯선 이방인일지라도 맥주 한 잔에 어느새 그들만의
오랜 문화에 녹아들게 될 것이다.

영국인들에게 펍이란

과거 우리네 '주막'은 동네 주민들에게 술과 밥을 팔며 먼 길을 나선 나그네들이 하룻밤 쉬어갈 수 있는 곳이었다. 그곳에는 저마다의 사연을 간직한 다양한 사람들이 모여들어, 당시의 민심과 시대상을 엿볼 수 있는 대표적인 공공장소로 통하기도 했다. (실제로 조선의 왕들은 민심을 살피기 위해 변장을 하고 주막을 들르기도 했다고 한다.) 이런 우리의 주막에 해당하는 곳이 바로 영국의 펍이다. 펍은 '퍼블릭 하우스Public House(일반인에게 개방된 공공장소)'의 줄임말로, 과거 아래층에서는 술을 팔고, 위층에서는 여행객들이 묵어갈 수 있게 방을 빌려주는 숙박의 기능을 담당하기도 했으며 흥행을 위한 격투나 연극이 열리기도 했다.

영국에서는 북적거리는 도심 한복판이나 조용한 주택가 혹은 외딴 시골 등 어디서나 펍의 간판을 찾을 수 있을 정도로 수많은 펍들이 있는데, 현재 영국에 등록된 펍의 수만 약 5만여 개에 이른다. 세계에서 가장 오래된 펍으로 기록된, 1천여 년 전에 세워진 펍도 영국에 있다. 영국의 펍들은 보통 2~3백 년은 기본이고, 5백 년은 되어야 명함을 내밀 수 있을 정도로 저마다 오랜 역사와 스토리를 가지고 있다.

펍의 고유한 스토리는 간판에서도 엿볼 수 있는데, 모든 펍의 간판에는 그림이 그려져 있다. 이는 과거 문맹률이 높던 시절에 누구나 쉽게 펍을 알아보게 하기 위해 간판에 그림을 그려 넣은 전통에서 비롯되었다고 한다. 기독교적인 의미나 펍이 위치했던 지역의 특징 등 그곳만의 고유한 스토리를 담은 펍의 간판을 유심히 관찰해보자. 숨어 있던 재미난 이야기가 여행자에게 말을 걸어올 것이다.

영국인들이 마시는 맥주, 에일

우리가 맥주를 떠올릴 때 탄산의 기포가 조금씩 올라오는 노란빛 라거Lager의 청량감을 먼저 떠올린다면 영국인들은 진한 호박색 에일Ale의 미지근하고 풍미가 깊은 씁쓸한 맛을 떠올린다.
라거와 에일을 나누는 기준은 맥주를 발효시킬 때 사용되는 효모다. 에일은 맥주가 발효되면서 거품과 함께 발효통 위쪽으로 떠오르는 효모로 만든 맥주(상면발효 맥주)이고, 라거는 맥주의 발효가 끝나면서 아래로 가라앉은 효모로 만든 맥주(하면발효 맥주)다. 인류가 먼저 발견한 맥주 제조법은 상면발효법으로 에일은 라거에 비해 전통적인 방식으로 만들어지는 맥주라고 볼 수 있다. 에일은 색이 진하며 향긋한 과일 향이 난다. 강하면서도 부드러운 맛이 특징이며 미지근한 온도에서 마셔야 깊은 풍미가 더욱 강조된다.
영국의 펍에서 에일을 주문할 때 비어 탭(맥주 꼭지)에서 따라주는 리얼 에일Real Ale은 양조장에서 여과 및 살균을 거치지 않은 상태로 캐스크cask(나무로 만들어진 맥주통)에 넣어 그 안에서 발효와 숙성을 거친다. 리얼 에일, 즉 캐스크 비어는 운반 도중 흔들리면 맛이 떨어지기 때문에 사실상 수출이 불가능하며, 병에 넣어 판매되는 에일은 본래 맛의 절반에도 못 미친다고 한다. 영국에 왔다면 현지에서만 느낄 수 있는 리얼 에일 본래의 깊은 맛을 마음껏 누려보자!

프리 하우스란?

런던의 펍 앞에는 프리 하우스Free House라는 문구를 자주 볼 수 있는데, 이는 특정 양조회사의 맥주에 얽매이지 않고 자유롭게 맥주를 구비하고 있다는 뜻이다. 반대로 특정 양조회사가 운영하거나 이와 계약을 맺어 그곳의 맥주만을 보유하고 있는 펍을 타이드 하우스Tied House라고 한다. 이 경우에는 펍 앞에 보통 양조회사 브랜드의 로고가 걸려 있다.

런던의 PUB OF THE PUB

램 앤 플래그 Lamb & Flag

- MAP 127p

런던 시내에서 가장 오래된 펍이자 코벤트 가든에서 매우 유명한 펍으로 1772년에 문을 연 이후 그 자리를 지켜왔다. 사실 '램 앤 플래그'는 영국에서 흔한 펍 이름 중 하나다. 기독교적인 의미를 갖고 있는 '양과 깃발'이라는 온화한 이름과 어울리지 않게 이곳은 과거 '피의 양동이Bucket of Blood'라는 별명으로 불리기도 했다. 과거에는 펍에서 맨주먹의 혈투가 끊이지 않았는데, 사람들은 맥주를 마시며 이들의 격투를 구경하거나 싸움을 부추기기도 했다고 한다. 2층 목조건물로 옛모습 그대로를 간직하고 있으며, 펍 2층에서는 식사도 할 수 있다.

ADD Leicester Square 33 Rose Street, Covent Garden, London WC2E 9EB
TEL +44-20-7497-9504
TIME 월~토 11:00~23:30, 일 12:00~22:30
HOMEPAGE www.lambandflagcoventgarden.co.uk

조지 인 The George Inn

런던에 남아 있는 마지막 코칭 인Coaching Inn으로, 현재 내셔널 트러스트National Trust(자연 및 사적 보호단체)에 등록되어 있는 특별한 펍이다. 코칭 인이란 과거 마차가 다니던 시절, 마부와 승객이 쉬어가던 휴게소 겸 숙박 시설을 말한다. 철도의 발달로 인해 마차 이용이 줄어들게 되자 점차 런던에서 하나둘씩 흔적을 감춰 이제는 역사 속으로 사라졌다. 일반적인 펍들과 달리 주차할 수 있는 넓은 마당이 있는 것이 특징이다. 이제 숙박은 제공하지 않지만, 조지 인은 3백 년이 넘는 시간 동안 여전히 펍의 역할을 계속하고 있다. 일종의 유적지인 이곳을 관상용으로 조성해두는 것에 그치지 않고 과감히 개방하여 영국인들의 생활 속에 녹아들게 하는 모습이 부럽다.

ADD ⊖ *London Bridge* 75-77 Borough High Street, London SE1 1NH
TEL +44-20-7407-2056
TIME 월~토 11:00~23:00, 일 12:00~22:30

피츠로이 태번 Fitzroy Tavern

과거 많은 작가와 예술가들이 살던 블룸스버리 지역에 위치한 펍. 《동물 농장》을 쓴 조지 오웰과 영국의 천재 시인 딜런 토머스 등 1920~50년대의 수많은 문인과 예술가, 지성인들의 회합 장소로 유명했으며, 지금도 저녁마다 블룸스버리 지역의 런더너들로 북적거리는 인기 펍이다.

ADD ⊖ *Goodge Street* ⊖ *Tottenham Court Road* 16a Charlotte Street, London W1T 2LY
TEL +44-20-7580-3714
TIME 월~토 11:00~23:00, 일 12:00~22:30

지 올드 체셔 치즈 Ye olde Cheshire Cheese
- **MAP 127p**

호번 지역에는 2~3백 년 된 유명 펍들이 많다. 플릿 스트리트 옆의 작은 골목 안에 있는 350년 된 지 올드 체셔 치즈도 그중 하나다. 동굴처럼 어두운 걸 안에는 빛 바랜 신문 스크랩 액자들이 가득 걸려 있고, 이곳의 단골이었던 유명 작가들의 이름도 쓰여 있다. 영국 국어 대사전을 편찬한 사뮤엘 존슨도 이곳의 단골이었으며, 근처 법률사무소에서 일했던 찰스 디킨스도 이곳에서 그의 작품에 등장하는 어두운 캐릭터를 그려냈다고 한다.

ADD ⊖ *Temple* ⊖ *London Blackfriars* 145 Fleet Street, London EC4A 2BU
TEL +44-20-7353-6170
TIME 월~금 11:30~23:00, 토 12:00~23:00

앨버트 The Albert
- **MAP 93p**

1852년에 지어진 빅토리아 시대풍의 펍으로, 여왕 엘리자베스 2세의 부군 앨버트 공의 이름을 딴 펍의 간판에는 앨버트 공의 초상화가 그려져 있다. 웨스트민스터 대성당과 국회의사당 근처에 위치해 있어 지역의 분위기와 매우 잘 어울린다. 위층에는 역대 수상들의 사진이 걸린 방이 있고, 빅토리아 여왕이 다녀갔다는 사진도 걸려 있다. 바로 옆 골목에는 대한민국 대사관이 있다.

ADD ⊖ *St. James's Park* ⊖ *Victoria* 52 Victoria Street, London SW1H 0NP
TEL +44-20-7222-5577
TIME 월~수 11:00~23:00, 목~토 10:00~24:00, 일 11:00~22:30

레드 라이언 The Red Lion
- **MAP 93p**

정부 기관들이 들어서 있는 관청가인 화이트홀White-hall에 위치한 펍으로, 길 건너에 총리의 관저가 있는 다우닝 10번가Downing No.10 Street가 위치해 있다. 실제로 역대 수상들이 자주 들렀던 유명한 펍이다. 펍의 지하에는 점잖은 분위기의 와인 바도 있다. 1435년부터 펍이 있던 유서 깊은 곳으로 입구에는 헤리티지 인Heritage Inn이라는 표시가 걸려 있다.

ADD ⊖ *Westminster* 48 Parliament Street, London SW1A 2NH
TEL +44-20-7930-5826
TIME 월~토 11:30~23:00, 일 12:00~21:00
HOMEPAGE www.redlionwestminster.co.uk

꽃을 든
런던 남자들

싱글일 때 꿈꾸던 남편상이 있었다.

조금 낯간지럽긴 하지만 '특별한 날도 아닌데 지나가다 예쁜 꽃을 보고는 그냥 내가 생각났다며 꽃을 사다 주는 남자'가 이상형이었다. 꽃을 살 줄 안다는 것은 그만큼 삶의 여유가 있그 자상하다는 의미라고 생각했기 때문이다.

그 당시에는 로맨틱한 남편상을 꿈꿨었나 보다. 그러나 결혼을 하고 나니 '꽃이고 뭐고 일단 연봉 높은 남편이 최고'로 변해버린 마음이 조금은 씁쓸하지만 지금도 꽃을 좋아하는 남자에 대한 호감은 변함이 없다.

연애 시절 지금의 남편에게 '꽃을 선물할 줄 아는 자상한 남편상'에 대해 자주 주입식 교육을 했던 터라 남편은 가끔 내 눈치를 봐야 하는 상황에 맞닥뜨렸을 때나 내 생일날이면 꽃을 선물하기는 한다. 매번 '빨간 장미 아니면 튤립'이라는 뻔한 레퍼토리가 조금 아쉽기는 하지만. 이왕이면 핑크빛 작약도 좋고 강렬한 해바라기도 좋은데, 아직 거기까진 무리인가 보다.

런던 남자들은 꽃을 고르는 센스가 보통이 아니다. 우리나라와는 달리 런던에서는 길을 걷다 보면 꽃을 들고 있는 남자들을 쉽게 만날 수 있다. 그리고 그들의 품에 안긴 꽃을 보면 그들의 꽃을 고르는 센스가 여자인 나보다도 한 수 위라는 생각이 들 때가 많다.

일단 내가 아는 우리나라 남자들은 길거리에서 꽃을 들고 다니는 것 자체를 매우 쑥스러워하거나 부끄러워한다. 왠지 남자다워 보이지 않는 것 같기도 하고 '오늘은 여자친구와의 기념일입니다'라고 동네방네 광고하는 것 같기도 해서 이목이 집중되는 것을 피하고 싶어 하는 듯하다.

이렇듯 우리에게 꽃은 특별한 날 주는 선물로 인식되어 있지만 영국에서

[그들의 런던을 훔쳐보는 방법]

는 남녀노소 할 것 없이 누구나 꽃을 일상과 함께하는 생활의 일부로 여긴다. 런던 거리에서는 금요일이나 주말 저녁이 되면 꽃과 샴페인을 들고 있는 남자들을 흔히 볼 수 있다. 꼭 여자친구의 집을 방문하는 것이 아니어도 누군가의 집에 초대를 받았을 때 와인과 더불어 꽃을 준비해 가는 것이 그들에게는 자연스러운 일이라고 한다.

실제로 집집마다 뒷마당 가꾸기는 기본이고, 집 앞 현관과 창가까지도 꽃으로 꾸며놓은 것을 보면 그들이 얼마나 꽃을 좋아하는지 짐작할 수 있다. 우리 집 주변만 하더라도 다른 집들은 사계절 내내 창가를 예쁜 화분과 꽃으로 아름답게 꾸며놓았고, 창가가 횅한 집은 오직 우리 집뿐이다. 집 앞을 지나다 우리 집처럼 창가와 현관에 아무것도 없이 횅한 집을 보면 '저 집도 외국인이 사는 집인가?'라는 생각이 드니 말이다.

이들의 꽃 사랑은 거리에서도 잘 드러난다. 봄부터 가을까지 알록달록 꽃을 심은 큰 화분을 가로등 기둥어 매달아 거리를 장식하는 것도 빼놓지 않는다. 공원은 물론이고 펍과 상점, 호텔 등의 외관도 꽃으로 아름답게 꾸며놓는다. 이들만큼 꽃과 생활이 자연스럽게 어우러진 사람들이 또 있을까?

나는 꽃에 대해 잘 알지 못하지만 아름다운 꽃을 구경하고 꽃 향기를 맡는 것을 좋아해서 가끔씩 콜롬비아 로드 플라워 마켓에 들르곤 한다. 콜롬비아 로드 플라워 마켓은 일요일 아침 8시에 열어 보통 오후 2시 정도면 문을 닫는다. 집에서 마켓까지는 꽤 먼 편이라 일찌감치 일어나야 하는 것이 흠이다. 특히 나는 잠이 많아서 아침 일찍 일어나는 일이 곤욕인 터라 그곳에 한번 가려면 큰맘을 먹어야 한다.

　콜롬비아 로드 플라워 마켓은 꼭 한번 가보고 싶었던 곳이었다. 그래서 달콤한 늦잠을 자고도 남을 어느 일요일 아침, 겨우 일어나 집을 나섰다. 거의 한 시간 만에 마켓에 도착하니 벌써 12시가 다 되었다. 마켓은 이미 한창 쇼핑 중인 부지런한 런더너들과 향기로운 꽃내음으로 생기가 가득했다. 좁은 골목은 꽃장수들과 꽃을 사러 온 사람들로 발 디딜 틈이 없었지만 아무렇지 않은 척하며 나도 런더너들처럼 그 무리에 끼어보았다.

　단아한 동양의 꽃과는 모양과 색깔, 향기까지 다른 화려한 서양 꽃들을 구경하는 것만으로도 지루할 틈이 없다. 게다가 꽃들만큼이나 흥미로운 사람들의 모습에 절로 눈길이 바빠진다. 봄처럼 살랑거리는 스커트를 입고 꽃을 안고 가는 아가씨, 뒷마당을 꾸미려는지 봉지 사이로 삐져나온 묘목을 양손 가득 들고 가는 아주머니, 아기를 등에 업은 채 안개꽃을 한 다발 안고 가는 아저씨…. 플라워 마켓은 굳이 꽃을 사지 않아도 꽃과 함께하는 그들의 모습을

구경하는 것만으로도 자주 들르고 싶은 곳이다.

특히 내 눈엔 꽃을 든 남자들의 모습이 인상적이었는데 남자들끼리 꽃을 사러 온 모습이 종종 눈에 뜨었다. 중년 남자들은 '부인과 함께 집 안을 꾸미려고 그러는 건가?' 싶기도 했지만, 20대 초반 남자들끼리 일요일 아침부터 꽃을 사러 꽃시장에 오는 모습은 정말 낯설었다. 언젠가 한번은 할리우드 배우 뺨치는 외모의 남자가 혼자 수국 한 다발을 사는 모습을 보고 속으로 '악!' 소리를 지른 적도 있다. 사랑하는 여인을 위한 걸까? 아니면 본인의 집에 꽂아놓으려고 하는 걸까? 수국을 품에 안은 그의 모습이 그 꽃만큼이나 아름다워 보였다.

서울에 있는 친구들은 남자친구가 꽃다발을 선물하면 괜한 돈 낭비를 한다며 화를 낸다는 이야기를 종종 한다. 곧 시들어버릴 꽃이라며 말이다. 하지만 투덜대는 그녀들도 여자이기어 꽃 한 송이만큼은 남자친구에게 받고 싶다

고 한다. 나는 영국인들을 통해 꽃이 사치가 아니라는 것을 느꼈다. 그 순간에만 느낄 수 있는, 영원하지 않은 절정의 아름다움과 향기는 조화에서는 절대 느낄 수 없는 생화만의 매력이다.

문득 예전에 뉴욕에 있을 때 한 친구가 '뉴욕 남자가 강아지를 끌고 가는 뒷모습을 보고 안 넘어갈 여자가 어디 있겠냐'며 감탄하던 기억이 난다. 아마 그녀가 꽃을 들고 가는 런던 남자들을 보게 된다면 단언컨대, 2백 퍼센트 매혹당할 것이다!

콜롬비아 로드 플라워 마켓 Columbia Road Flower Market

- MAP 135p

유명한 관광지와 뻔한 관광 코스에 질렸거나, 아름다운 꽃 한 송이에도 행복을 느끼거나, 일요일 아침 런더너들의 일상을 들여다보고 싶다면 콜롬비아 로드 플라워 마켓에 가보자. 꽃과 함께하는 런더너들의 활기찬 모습이 오래도록 기억에 남을 것이다.
세 블록 정도 되는 크지 않은 골목이지만 아기자기한 소품 가게나 가드닝 도구를 파는 가게, 앤티크 숍, 작은 갤러리와 레스토랑이 있어 지루할 틈이 없다. 단, 버스커나 빈티지 마켓, 길거리 음식을 파는 노점상 등은 꽃시장이 서는 일요일에만 열리므로 반드시 일요일에 갈 것을 추천한다.

🚇 *Old Street* (2번 출구에서 55번 버스 승차 후 해크니 로드 Hackney Road, 어스틴 스트리트 Austin Street 에서 하차, 길 건너 콜롬비아 로드까지 도보로 약 7분 소요.)
TIME 일요일 아침 8시에 문을 열고, 보통 오후 2시쯤 되면 파장 분위기다.
HOMEPAGE www.columbiaroad.info

런더너에게
꽃이란

프랑스인은 의식주 중에 '식'을 가장 중시하고, 이탈리아인은 '의'를, 영국인은 '주'에 가장 신경을 쓴다는 말이 있다. 그리고 그 '주'의 중심에 정원이 있다. 문화인류학자 케이트 폭스Kate Fox는 《영국인 발견Watching the English》이라는 책에서 "영국인들에게 집은 견고한 성이고 정원은 천국이다"라고 표현하며, 싱그러운 풀빛과 꽃향기 가득한 정원은 차를 마시는 습관과 함께 우울한 영국 날씨로부터 탈출하는 일종의 비상구 같은 존재라고 설명한 바 있다.

찰스 왕세자도 가드닝에 관한 책을 세 권이나 발간한 유명 가드너다. 왕실 업무나 공식 일정이 없는 날에는 직접 사택 뒷마당을 열심히 가꾼다고 한다. 왕세자의 취미에서 엿볼 수 있듯이 영국은 가드닝과 조경, 플라워 아트가 발달한 대표적인 원예 선진국이다. 맥퀸McQueen, 제인 패커Jane Packer, 폴라 프라이크Paula Pryke, 제이미 애스턴Jamie Aston 같은 유명한 플로리스트들도 모두 영국인이며, 우리나라에서도 꽤 많은 학생들이 가드닝과 플라워 아트를 배우기 위해 영국으로 유학을 가고 있다.

가슴에 꽃을 단 영국인들

붉은 양귀비 Poppy

영국에서는 해마다 11월이 되면 가슴에 빨간 꽃을 달고 다니는 사람들을 자주 볼 수 있다. 뉴스를 진행하는 아나운서를 비롯하여 왕족이나 정치인, 축구선수들까지도 가슴에 빨간 꽃을 달고, 심지어 택시나 자가용 앞에도 커다란 빨간색 꽃으로 장식을 해놓는다. 이 빨간 꽃은 양귀비Poppy로 제1차 세계대전 때 전장의 폐허 속에서 피어난 양귀비를 보고 숨져간 전우의 넋을 기린 시에서 이러한 풍습이 유래되었다고 한다.
제1차 세계대전 종전일인 11월 11일은 영국의 현충일 Remembrance Day이다. 그날은 종이로 만든 양귀비를 판매하는데, 그 수익금을 전쟁 미망인, 참전용사의 후손, 상이용사들의 복지기금으로 쓴다고 한다. 그들의 가슴에서 붉게 빛나는 꽃이 더욱 의미 있게 느껴진다.

수선화 Daffodil

영국에서는 전역에 만발한 노란 수선화가 봄이 왔음을 알린다. 상점이나 레스토랑은 물론이고 가정집에서도 흔히 노란 수선화를 꽂아놓는데, 특히 3월 1일에는 수선화를 가슴에 꽂고 다니는 사람들을 볼 수 있다. 이 날은 웨일스의 수호 성인인 성 데이비드의 날이자 기독교 축일로 웨일스의 국화인 수선화를 가슴에 달고 다닌다고 한다. 영국의 자선단체인 마리 퀴리 암 센터Marie Curie Cancer Centre에서는 종이로 만든 수선화를 판매하여 얻은 수익금을 말기 암 환자들을 위해 기부한다.

런던의 또 다른 꽃시장, 뉴 코벤트가든 마켓

영국에서 가장 큰 새벽 도매시장으로 청과물과 꽃을 판매하며 대부분의 유명 레스토랑이나 호텔, 학교 등에 식재료를 납품한다. 특히 이 꽃시장은 유럽의 플로리스트들 사이에서 매우 유명하다. 실제로 방문자들도 일반인들보다 전문가가 더 많은데, 런던의 플로리스트 중 75퍼센트가 이곳에서 꽃을 사갈 정도로 런던의 대표적인 꽃시장이다.

ADD ◎ *Vauxhall* New Covent Garden Market, London SW8 5 BH
TEL +44-20-7720-2211
TIME 월~토 4:00~10:00
HOMEPAGE www.newcoventgardenmarket.com/flowers

브리티시 홀리데이,
농장에서 보낸 일주일

집 놔두고 웬 농장 타령이냐고 묻자 남편은 그동안 정신없이 바빴던 프로젝트가 끝났으니 머리도 식힐 겸 복잡한 런던에서 벗어나 한적한 곳에서 쉬고 싶다고 했다. (영국은 유급 휴가일 수가 일 년에 25일이나 되는 데다 뱅크 홀리데이Bank Holiday라는 법정공휴일까지 합치면 휴가일이 무려 30일이 넘어 우리나라에 비해 휴가를 갈 수 있는 날이 많다.)

영국인 회사 동료 중 한 명이 영국 남부의 켄트Kent라는 지역에 있는 클래식한 팜 하우스를 소개해주었다며 이미 마음은 그곳에 가 있는 듯 잔뜩 들뜬 표정으로 열심히 설득을 하기 시작했다. 한적한 휴양지보다는 볼 것 많은 도시 여행을 좋아하는 나는 '공짜로 재워주면 모를까 숙박료를 내가면서 농장의 오두막에 갈 필요가 있을까?'라는 생각이 들었다. 그다지 내키지 않아 시큰둥한 반응을 고스란히 드러냈음에도 불구하고 남편의 남부럽지 않은 추진력에 결국 그 다음 주말, 남쪽으로 향하는 기차에 몸을 실었다.

런던에서 기차로 한 시간 반을 달려 라이Rye역에서 내렸다. 런던과는 다른 11월의 차갑고도 상쾌한 공기가 코끝에 기분 좋게 와닿았다. 농장은 역에서 차를 타고 20분 정도 들어가야 하기 때문에 농장 주인이 직접 픽업하러 오기로 했다. 외딴 농장 근처에는 식당이나 그 흔한 슈퍼마켓도 하나 없어 매 끼니를 직접 해 먹어야 한다고 들은 터라 남은 시간에 역 앞의 젬슨스Jempson's라는 대형 마트에 들렀다.

일주일치 식량을 사고 마트 앞에 나란히 서서 농장 주인은 어떤 사람일까 상상해본다. 기다리기 지루했던지 남편이 농장 주인의 성도 젬슨이라며 "이

Wittersham 2¾
Rye   6
Appledore 2
Stone Church ½

거 그 농장 아저씨가 하는 거야?"라는 썰렁한 농담을 던진다. 나는 "그럼 한국의 김씨는 다 킴스마켓 주인이겠네?"라고 핀잔을 주며 티격태격하다 보니 어느새 멀리서 허름한 검은색 차 한 대가 우리를 향해 다가왔다.

차에서 내린 백인 남자는 런던에서 흔히 볼 수 있는 아저씨였다. 농장 주인이라고 해서 왠지 덩치도 크고 토속적인(?) 이미지를 상상했는데, 허름한 차림새이긴 하지만 생각보다 말끔한 모습이다. 차분한 말투의 영국 아저씨에게서 낯선 이를 대하는 영국인 특유의 낯가림이 살짝 느껴졌다.

통성명을 하고 차에 타자 왠지 모를 어색함과 정적이 감돌았다. 분위기를 바꿔보려고 남편과 내가 먼저 이런저런 말을 건넸다. 대화를 나누다 보니 어느새 서먹함은 가시고, 농장 주인인 앤드루 아저씨는 차창 밖으로 보이는 작은 시내 주변을 간단히 설명해준다. 대화가 오가던 중 우리는 그에게 조금 개인적인 질문을 건넸다. "농사가 직업이고 손님맞이 팜 하우스 운영은 일종의 부업 같은 건가요?" 이 질문에 앤드루는 뜻밖의 대답을 했다. 농장은 소유자가 자신일 뿐 일하는 사람과 관리자는 따로 있고, 취미 생활처럼 팜 하우스를 운영하고 있다고 했다. 그는 현저 유통사업을 하고 있는데 좀 전에 우리가 장을 본 매장을 운영하고 있다는 것이었다.

이 식스센스급 반전에 남편과 내가 할 말을 잃고 서로 얼굴만 쳐다보는 사이, 드디어 외딴 마을 어귀에 있는 농장 입구에서 차가 멈추었다(30분쯤 차를 타고 온 것 같다). 넓고 푸른 농장 옆에 서로 마주보고 있는 두 채의 집 중 한 채는 앤드루 부부가 사는 곳이고, 다른 한 채가 바로 우리가 묵을 곳이었다.

앤드루는 집 안 곳곳을 자세히 안내하며 1760년대에 농부들이 살던 집을 개조한 클래식한 영국 팜 하우스라고 알려주었다. 낡은 벽난로가 있는 거실과 안쪽에 은밀하게 숨어 있듯 위치한 손님맞이용 응접실, 2층에 있는 침실의

[그들의 런던을 훔쳐보는 방법]

내부 구조와 가구들…. 영화나 박물관에서 볼 때는 멋져 보였는데 실제로 이런 곳에서 생활하려니 왠지 모를 어색함이 느껴졌다.

어느새 저녁 6시, 근처에 가옥은 고사하고 도시에서는 흔하디 흔한 가로등 하나 없는 외딴 시골집 주변으로 불빛 한 점 없는 그야말로 깜깜한 암흑 세계가 펼쳐졌다. 얕은 언덕 위에 있는 집은 불어오는 바람을 그대로 맞았는데, 그때마다 삐걱삐걱거리는 소리가 났다. 마치 소설 《폭풍의 언덕》에 나오는 집에 있는 듯한 을씨년스러운 기분까지 들기 시작했다. '그 옛날 전기도 없던 시절에 이곳에서 살던 농부들의 밤은 이렇게 길고도 고요했겠구나'라는 생각에 점점 센티멘털한 기분에 잠겼다. 유난히 길게 느껴진 낯선 곳에서의 첫날 밤이 이렇게 지나갔다.

다음 날, 해가 중천에 뜰 때까지 늘어지게 늦잠을 자고 일어나 보니 창 너머로 양들이 느긋하게 풀을 뜯고 있다. 부지런한 양치기는 벌써 오전에 볼일을 끝냈는지 이미 사라지고 보이지 않는다. 앤드루와 부인도 일터로 나가고 난 터라 이곳에는 그야말로 사람 하나 없이 양들의 침묵만 가득하다.

주변을 아무리 걸어봐도 보이는 것은 넓은 들판과 호수 그리고 말 없는 양들뿐이다. 시내까지 나가는 버스는 일주일에 한 번밖에 오지 않아서 시내에 나가려면 자전거를 타야 하는데 족히 한 시간 반은 걸릴 듯하다. 게다가 인터넷도 너무 느려 문명 생활은 거의 포기해야 할 지경이다. 슬슬 이곳에서 보내야 하는 일주일이 막막하게 느껴지기 시작했다.

이틀을 푹 쉬고 3일째 되는 날, 슬슬 밀려드는 지루함에 큰마음을 먹고 자전거를 타고 옆 마을에 가보기로 했다. 도로는 포장이 잘 되어 있었다. 자전거를 타기에 큰 불편함은 없지만 좁은 시골길이라 혹시 지나가는 차에 치이거나 성질 급한 운전자에게 욕이라도 한 바가지(그것도 억센 영국 악센트의 욕을!) 들으면 어쩌나 하는 걱정이 들었다. 다행히 인적이 드물어 차도 이따금 한 대씩 지나가는 정도였다. 차들도 자전거를 피해 가거나 속도를 매우 느리게 줄여주었다. 런던에서는 느껴보지 못했던 시골 사람들의 배려가 그저 감사했다.

왠지 영국의 시골 할머니가 스웨터를 입고 차를 마실 것만 같은 집들을 구경하며 가을 들판의 풍경을 기분 좋게 감상하는 것도 잠시, 슬슬 엉덩이와 다리가 아파올 때쯤 옆 마을 애플도어Appledore에 도착했다. 자전거에서 내려 스윽 둘러보니 마을이라고 부르기 민망할 정도로 작은 동네였는데, 이 곳에 집들과 펍, 빈티지 숍, 교회 그리고 티룸이 옹기종기 모여 있었다.

서늘한 바람을 맞으며 자전거를 타고 왔더니 따뜻한 차 생각이 간절했다. 제일 먼저 아담하고 귀여워 보이는 티룸에 들어갔다. 자리에 앉아 주인 아주머니가 직접 구웠다는 스콘과 짝이 안 맞는 찻잔에 담긴 따뜻한 차를 한 모금 마시니 으슬으슬한 몸이 스르르 녹는 기분이다. 스콘이 맛있고 분위기가 좋다는 특별할 것 없는 칭찬 한마디에 아주머니는 함박웃음을 지으며 이런저런 이야기를 속사포처럼 쏟아내기 시작했다. 어디서 왔는지, 런던 생활은 어떤지 묻기도 하고 자신들이 아는 런던의 정보, 라이 시내의 볼거리는 뭐가 있고, 펍은 어디가 유명한지, 며칠 뒤면 열리는 본 파이어 축제에 대한 이야기 등 알짜배기 정보들을 알려주었다.

런던에서는 가끔 쓸쓸함이 느껴질 때가 있다. 언제나 바빠 보이는 런더너들은 먼저 마음을 열고 다가온 사람이 없었고, 웃으며 대화를 하는 와중에도 왠지 모를 공허함이 느껴지곤 했다. 나도 모르게 그런 삭막한 도시에서의 삶

[그들의 런던을 훔쳐보는 방법]

에 지쳐 있었던 걸까? 외딴 시골에서 만난 두 아주머니와의 대화는 뭔가 달랐다. 춥기만 했던 마음에 폭신폭신한 솜이불을 덮어주는 것처럼 따뜻한 정이 느껴졌다.

조금 더 머물고 싶었지만 해가 저물기 전에 다시 돌아가야 해서 아쉬움을 뒤로하고 티룸을 나왔다. 그때 갑자기 아주머니가 뛰어 나오더니 차 한 상자를 손에 쥐어준다. 우리가 지불한 차와 스콘 값보다 훨씬 비쌀 텐데…. 순간 포근한 정이 느껴져 코끝이 찡해졌다.

큰 기대를 하고 왔다면 꽤나 실망하고 돌아갈 뻔했던 작은 마을에서 나는 기대치도 않게 시골의 아담한 티룸에서 푸근한 영국인 아줌마가 구워주는 스콘을 꼭 한번 맛보고 싶다는 로망 하나를 이뤘다.

무언가 허전한 듯 천천히 흘러가던 농장에서의 일주일도 어느새 아쉽게 지나갔다. 팜 하우스를 떠나기 하루 전날 저녁이 되어서야 그동안 얼굴 보기조차 어려웠던 앤드루 부부와 함께 조촐하게 와인을 한잔하게 되었다.

영국인의 휴가에 관한 이야기를 나누다가 나는 그에게 이런 손님맞이용 팜 하우스를 운영하는 목적이 무엇인지 조심스럽게 물었다. 그러자 그는 "여행으로 사람을 만나고 그 우연한 인연이 가끔 특별해질 때, 그리고 도시인들에게 농촌의 생활을 체험하게 하는 것에 보람과 즐거움을 느낀다"고 대답했다. (그리고 앤드루가 우리에게 말해주지 않았지만 나중에 알고 보니 젬슨스 마켓은 그의 집안에서 3대째 물려오는 가업으로, 현재 그는 이스트 서섹스East Sussex 지역과 켄트Kent 지역에 네 개의 지점과 다섯 개의 카페를 운영하고 있는 그 지역의 성공한 사업가였다. 게다가 그는 지역 자선모금 활동과 멸종어류 보호 등의 여러 캠페인 활동에도 참여하는 모범적인 사회 활동가이기도 했다.)

다시 런던의 바쁜 일상으로 돌아와 꿈같았던 휴가의 여운이 잊혀질 때쯤, 크리스마스 카드 한 장이 날아왔다. 앤드루 부부가 보낸 카드였다. 아마도 부부는 그곳에 머물렀던 모든 여행자들에게 카드를 보낸 것이었겠지만, 손으로 직접 카드를 쓰며 우리를 기억해주었을 것을 생각하니 카드 한 장이 한없이 반갑고 고맙게 느껴졌다.

인생은 여행이다. 그 여행에서 우리는 많은 사람들을 만난다. 여행은 사람들로 인해 기쁨이 되기도 하고 때론 슬픔이 되기도 한다. 짧아서 아쉬웠던, 하지만 좋은 사람이 있어 더없이 따듯하게 기억될 나의 브리티시 홀리데이! 화려한 기술 문명의 발달은 우리 생활을 한없이 편리하게 만들어주지만, 점점 사람 사이의 소중함을 잊게 만드는 건 아니었을까? 오늘은 아날로그적인 감성을 담아 그곳에서 만난 따듯한 사람들에게 안부 카드라도 보내야겠다.

wishing you both a Happy
Christmas + Prosperous New Year.
Best wishes
Andrew + Kirstin

영국인 아줌마가
끓여준 **홍차**

도대체 그 떫은 홍차를 무슨 맛으로 마시는 걸까?

나에게 차는 이미 커피를 여러 잔 마신 날, 그저 카페인 조절을 위해 어쩔 수 없이 선택하는 대안이었다. 그래서 차를 마시는 사람들을 보면 늘 의아했다. 특히 홍차는 단순히 맛으로 마시는 것이 아니라 차 한 잔에 담긴 깊은 향과 그에 얽힌 역사와 문화까지 다시는 것이라는 한 홍차 마니아의 말을 듣고, 나와는 거리가 먼 이야기라고 생각했다. 적어도 런던에 오기 전까지는 말이다. 그랬던 나도 영국에서 살다 보니 가까워질 수 없는 반 친구 정도로 여겼던 홍차와 어느새 단짝이 되어버렸다.

영국은 누구나 홍차와 가까워질 수밖에 없는 환경을 잘 갖추고 있다. 먼저 차라는 주제는 영국 사람들이 날씨 다음으로 좋아하는 이야깃거리다. 사람들의 관심을 증명이라도 하듯 곳곳에서 차를 판다. 백화점 식품 코너뿐 아니라 마트에서도 수많은 종류의 차를 구비하고 있으며 런던 시내 곳곳에서 다양한 차 전문점들을 쉽게 볼 수 있다.

자고로 카페나 티룸이라면 어디서든 크림 티Cream Tea라는 메뉴를 갖추고 있는데, 처음에는 어떤 차인지 추측하기 어려웠다. 상상력을 총동원해 아마도 '크림처럼 부드러운 차' 한 잔이 나오겠거니 하고 주문을 했는데, 나온 것은 티팟 하나 가득 담긴 홍차와 스콘, 클로티드 크림 그리고 딸기잼이 곁들여 나오는 일종의 세트 메뉴였다. 일단 인심이 야박한(?) 대도시에서 뭔가 푸짐하게 나오는 것이 흡족했고, 딸기잼과 클로티드 크림을 곁들여 먹는 스콘은 촉촉하고 버터향이 가득해서 '여태껏 내가 알던 스콘과 같은 것일까?'라는 생각이 들 정도였다. 영국인들이 차를 즐기는 방식대로 홍차에 우유를 약간 넣어

[그들의 런던을 훔쳐보는 방법]

마셔보니 맛의 조화가 그야말로 완벽하게 느껴졌다.

자연스레 홍차의 매력에 눈을 뜨게 되자 언젠가부터 '영국인의 집에 초대받아 홍차를 한 잔 마셔봤으면… 하는 생각이 들기 시작했다. 그런데 사실 요즘 영국의 젊은 세대들은 홍차보다 커피를 즐겨 마시고 다양한 민족이 모여 사는 도시의 특성상 영국인의 전통 문화를 고스란히 간직하고 있는 진짜 영국인의 집에 초대를 받을 기회는 흔치 않다. 서울에 사는 외국인이 한옥집에 초대받아 정통 한식을 대접받기 어려운 것과 비슷한 경우라고 할까?

그러던 중 어느 영국인 아줌마가 자신의 집에서 작은 애프터눈 티 클래스를 연다는 소식을 우연히 듣게 되어 설레는 마음으로 그녀의 집에 방문하게 되었다. 빨간 대문 집의 초인종을 누르니 그녀가 특유의 강한 영국식 악센트로 "헬로, 달링Hello, Darling" 하고 웃으며 반겨주었다. 이 집의 주인 줄리애나 아줌마와 인사를 나누는 와중에도 뒤쪽으로 보이는 멋진 빅토리안 하우스로 눈길이 향했다. 1860년대에 지어졌다는 빅토리아풍의 2층집에는 구석구석 전통적인 가구와 소품들로 꾸며진 전형적인 영국인 가정의 모습이 고스란히 담겨 있었다.

거실의 오래된 벽난로를 비롯하여 꽃들이 예쁘게 가꾸어진 뒷마당, 여왕의 침실처럼 꾸며놓은 그녀의 방 등을 보고 있으니 마치 살아 있는 영국인 생활박물관을 구경하는 듯했다. 그녀 역시 말로만 듣던 영국인 특유의 낡고 오래된 물건에 대한 강한 애착을 보여주었는데, 이 집이 얼마나 오래된 집인지, 저 벽시계는 조상 대대로 물려내려온 물건이라는 이야기를 자랑스럽게 하는 줄리애나를 보니 '그녀 역시 뼛속까지 영국인이구나' 싶다. 영국인들은 반질반질한 새 물건, 새 집보다 조상 대대로 물려 내려온 낡은 것들을 굉장히 자랑스러워한다. 물려줄 것이 많다는 것은 그만큼 전통 있고 뼈대 있는 집안이라는 것을 의미하기 때문이라나? 과연 전통을 소중히 여기는 나라답다.

　영어를 가르치던 줄리애나는 예전에 학생들을 집으로 초대해 홍차를 대접한 적이 있었는데, 그때 학생들이 매우 좋아하던 기억을 살려 지금의 작은 홈 클래스를 열게 되었다고 한다. 그녀의 클래스에는 런던에 거주하는 다양한 국적의 여성들이 참여한다. 그중에서도 같은 섬나라이며 영국 문화에 옛부터 깊은 호감을 가지고 있는 일본인 여성들이 큰 관심을 보이는 점이 특히 흥미롭다. 오늘 나와 같이 줄리애나의 집에 방문한 사람 중에도 일본인 모녀가 두 팀 있었다. 그녀들은 런던 여행 중이라고 했다. 영국의 차 문화에 관심이 많아 그녀의 집까지 찾아왔다고 하는데, 바쁜 여행 중에 영국인의 집에서 열리는 애프터눈 티 클래스까지 들으러 오다니! 그들의 차에 대한 관심과 여행 중에 좋은 추억을 쌓고 가는 모녀의 모습이 너무 부러운 나머지 나도 당장 한국에 있는 엄마를 초대하고 싶은 심정이었다.

　그녀가 모은 티팟과 그릇으로 가득한 부엌에서 드디어 진짜 영국인 아줌마가 대접해주는 차를 마시게 됐다. 그녀는 손님들에게 차를 먼저 권하며 물을 끓이는 법부터, 향이 강한 홍차 전용 티팟은 따로 정해 놓고 써야 한다는 등 홍차와 관련된 여러 가지 정보를 친절하게 알려주었다. 그녀는 집에 있는 다양한 종류의 차에 대해 설명하며 본인이 가장 좋아한다는 얼그레이 티를 내어놓았다. 영국인 아줌마가 끓여주어서 그런지 오늘따라 차 맛이 더욱 특별하게 느껴졌다.

그녀도 보통의 영국인들처럼 하루에 홍차를 네다섯 잔씩 마시는지 물어보았다. 그녀는 유독 카페인에 신경을 많이 쓰는 편이라 하루에 홍차 한 잔과 루이보스 티 한 잔 그리고 커피 한 잔으로 만족한다고 한다. 그러고는 전형적인 영국인들은 하루에 물 대신 일곱 잔이 넘는 홍차를 마시기도 한다는 등 흥미로운 이야기를 술술 풀어놓더니 이내 자리를 옮겨 스콘 만들 준비를 하기 시작했다. 스콘은 집집마다 엄마표 레시피가 있을 정도로 영국의 대표적인 간식이다. 줄리애나도 그녀만의 레시피를 소개하며 스콘 만드는 과정을 직접 보여주었다.

분위기가 무르익을 때쯤 일본에서 음악 관련 일을 한다는 소녀 감성의 일본인 아주머니가 거실에 있는 피아노에 앉아 멋진 즉석 연주를 했다. 뜻밖의 공연에 모두들 화기애애한 분위기에 빠져 있는 동안 어느새 오븐 속의 스콘이 예쁘게 부풀어 올라 집 안 가득 고소한 향기를 풍겼다. 줄리애나는 황금빛으로 먹음직스럽게 완성된 스콘을 꺼내어주며 전형적인 영국인 가정의 애프터눈 티 상 차리는 법과 차 마시는 에티켓, 애프터눈 티에 얽힌 역사 등 흥미로운 이야기들을 쏟아냈다.

특히 마당에서 직접 딴 핑크빛 장미 덕분에 상차림이 더욱더 돋보였는데, 그녀는 꽃이야말로 자신의 가족에게 없어서는 안 될 매우 특별한 존재라는 이야기를 덧붙였다. 그녀가 직접 구운 스콘과 케이크 그리고 맛 좋은 샌드위치 덕분에 차가 술술 넘어간다. 어느새 나도 모르게 앉은 자리에서 다섯 잔째 차를 마시고 있다니!

커다란 티팟에 가득 찬 홍차를 나눠 마시며 이야기를 나누다 불현듯 한 가지 사실을 깨달았다. 커피는 한 잔씩 내려 마시는 개인적인 음료인 반면 홍차는 티팟 가득 차를 우려내 다 같이 둘러앉아서 '함께 즐기는' 매력이 있다는

것이다. 언젠가 한국에 돌아가면 나도 우리 집에 소중한 사람들을 초대해서
영국에서 산 예쁜 티팟 가득 차를 대접해야지. 그때 이곳에서 배운 차 문화 이
야기도 함께 들려주고 싶다는 기분 좋은 상상을 하며 홍차처럼 따뜻했던 줄
리애나 아줌마의 집을 나섰다.

줄리애나 아줌마의 애프터눈 티 클래스 정보

www.afternoontealessons.com

스콘과 쇼트 브레드, 간단한 샌드위치 만드는 법, 영국인 가정에서 애프터눈 티 상 차리는 법과 간단한
예절 등을 가르쳐준다. 홈페이지에서 예약과 관련된 내용을 확인할 수 있으며, 이메일giulianaorme@
yahoo.co.uk을 보내면 수강 가능한 날짜와 시간 등을 자세히 알려준다.

영국에선
커피 대신
홍차를

영국에 처음 홍차가 전해진 때는 해상무역권이 에스파냐와 포르투갈에서 네덜란드와 영국으로 넘어가던 시기다. 1630년대에 처음으로 중국 차가 네덜란드를 통해 영국에 전해지게 되었는데, 유난히도 홍차에 매료된 영국인들로 인해 오늘날 영국은 그 어느 나라보다 홍차 문화를 제대로 느낄 수 있는 나라인 동시에 고품질의 다양한 홍차를 즐길 수 있는 홍차의 나라가 되었다. 실제로 홍차 문화를 전 세계로 전파한 나라도 영국이라고 한다.

여기서 잠깐 짚어볼 상식 하나! 녹차는 발효시키지 않은 찻잎을 사용해서 만든 차고, 홍차는 발효 정도(엄밀히 말하면 '산화'라고 한다)가 80퍼센트 이상인 강발효차다. 홍차 특유의 진한 색과 떫은 맛은 바로 이 강발효 때문이라고 한다. 붉게만 보이는 홍차 물이 그들의 눈에는 검게 보였는지, 이들은 홍차를 레드티Red Tea가 아니라 블랙티Black Tea라고 불렀는데, 영국에서는 티Tea라고 하면 보통 홍차를 의미한다.

영국에서 유독 맛있는
홍차의 비밀

맛있는 차를 즐기기 위해서는 좋은 물이 필요하다. 불행히도 영국의 물은 칼슘과 마그네슘이 많이 포함되어 있는 경수Hard water라 물맛이 좋지 못한 편이다. 하지만 이 경수 덕분에 같은 차라도 영국에서 마시면 더 맛있게 느껴진다는 이야기가 있는데, 과연 과학적인 근거가 있는 것일까?

우리나라와 달리 영국에서 머리를 감으면 머릿결이 유난히 푸석푸석한 것을 느낄 수 있다. 또한 설거지를 하고 나면 항상 컵에 흰 석회자국Lime Scale이 남아 있는 것을 볼 수 있는데, 바로 칼슘과 마그네슘으로 구성된 석회가 다량 포함되어 있는 영국의 수질 때문이다.

석회질 등의 광물질이 다량 포함된 경수에는 차의 떫은 맛을 내는 탄닌Tannin이 잘 우러나지 않는다고 한다. 하지만 녹차에 비해 훨씬 많은 탄닌이 들어 있는 강발효차는 영국의 경수에도 잘 우러난다. 탄닌이 과다하게 우러나 자칫 떫은 맛이 날 수 있는 연수Soft water에 비해 영국의 수질은 딱 적당한 양의 탄닌이 우러나서 영국에서 마시는 홍차가 유난히 맛이 좋다고 한다.

줄리애나 아줌마가 알려주는
홍차를 더욱 맛있게 즐기는 팁!

한 번만 끓인 신선한 물 Fresh Boiled Water

물에 적당량의 산소가 포함되어 있어야 산소 방울이 혀에 닿으며 차 맛을 좋게 한다. 반면 물을 여러 번 끓이게 되면 물 속에 포함된 산소의 양이 줄어든다고 하니, 한 번 끓인 물은 버리고 새로 물을 받아 끓이는 것이 더욱 맛 좋은 차를 즐기는 사소하지만 중요한 팁이다.

우유를 먼저 넣느냐 나중에 넣느냐

영국인들은 홍차를 마실 때 우유를 먼저 넣느냐 마지막에 넣느냐를 중요하게 생각하지만 사실 과학적으로 맛에는 별 차이가 없다고 한다. 단지 지금처럼 튼튼한 도자기가 흔하지 않던 빅토리아 시대에는 뜨거운 홍차를 먼저 부으면 찻잔 안에 얇은 금이 가기 때문에 튼튼한 고가의 도자기를 과시하기 위해 홍차를 먼저 붓는 귀족들이 일부 있었다고 한다. 줄리애나 아줌마는 홍차를 먼저 부으면 찻잔 안쪽이 갈색으로 변할 수도 있으니 우유를 먼저 붓는 것을 추천한다.

초보자도 쉽게 따라 할 수 있는
줄리애나 아줌마표
스콘 레시피

재료(15개 정도 분량)

· 박력분(영국에서는 plain flour를 쓰면 됨) 300g

· 버터(차갑게 냉장 보관한 것) 60g

· 계란(큰 것일수록 좋음) 1개

· 우유 140㎖ 정도

· 백설탕 60g

· 베이킹 파우더 2 ½ tsp

· 소금 한 꼬집

TIP

1 그램g 단위로 표시된 재료는 베이킹용 전자저울을, 테이블 스푼tsp으로 표시된 재료는 계량스푼을 사용하여 계량한다.

2 오븐을 미리 예열해놓는 것이 매우 중요! 재료를 계량하는 동안 오븐을 예열하면 시간을 줄일 수 있다.

3 맛있는 스콘의 비밀은 너무 오래 반죽해 반죽이 건조해지게 하지 않는 것!

1 오븐을 220℃로 예열한다.

2 밀가루와 베이킹 파우더, 소금을 정해진 양만큼 계량한 후 믹싱
볼에 담아 숟가락으로 잘 섞어준다.

3 계량컵에 달걀을 넣고 위스크로 잘 풀어준다. 여기에 우유를 조
금씩 부어 총량이 200㎖가 되도록 맞춘 후 계란과 우유를 위스
크로 잘 섞어준다.

4 ②의 재료들을 곱게 체 친 후 큰 믹싱볼에 담는다. 여기에 버터
를 넣고 손가락 끝으로 비벼 고운 빵가루 정도의 크기가 될 때
까지 섞어준다. (너무 오래 섞어 손의 온도로 인해 버터가 녹지 않게
하는 것이 포인트! 작은 버터 알갱이들이 오븐데서 구워지면서 작은
기포를 형성해 폭신한 질감의 스콘을 만들어준다.)

5 설탕을 넣는다.

6 ⑤에 ③의 달걀과 우유 섞은 것을 넣고 포크로 잘 섞어준다. (굽
기 전 스콘 반죽 위에 바를 정도의 양을 남겨둔다.)

7 밀가루를 살짝 뿌린 테이블 위에 ⑥을 놓고 가볍게 치대면서 반
죽한다. 2㎝ 정도의 두께로 반죽을 밀어 동그란 쿠키 커터로 찍
어낸다. 유산지를 깔아놓은 오븐 팬에 스콘 반죽들을 촘촘하게
놓는다. (줄리애나 아줌마는 촉촉한 스콘을 강조하는데, 스콘 반죽들
의 간격을 촘촘하게 배열해놓아야 스콘이 더 촉촉하게 구워진다.)

8 조금 남겨둔 ③의 달걀과 우유 섞은 것을 스콘 위에 붓으로 잘
발라준 후 9~10분 동안 굽는다. 눈으로 보았을 때 스콘이 잘
부풀어 오르고 겉이 골든 브라운 색을 띨 때까지 구워도 된다.

TIP

1 오븐에서 꺼낸 후 바로 먹지 않는 스콘들은 도자기
로 싸듯이 깨끗한 타월로 감싸주면 먹기 직전까지
겉은 따뜻하고 안은 촉촉하게 보관할 수 있다.

2 잼이나 클로티드 크림이 없으면 버터와 함께 먹어
도 좋다.

클로티드 크림clotted cream

우유를 응고시켜 표면에 엉겨 붙은 크림을 걷어내 모
은 것. 맛과 질감이 아이스크림과 버터의 중간이다.
보통 영국인의 가정에서는 직접 만들지 않고 마트에
서 사다 먹는다. 우리나라의 대형 마트에서도 구할
수 있다.

딸이 케이크를 굽는 곳

언제나 예쁜 꽃들과 사람들로 가득한 콜롬비아 마켓에 들렀다.

역시나 오늘도 발 디딜 틈이 없다. 갖가지 아름다운 꽃에 취해 꽃 시장 골목을 한참 돌아다니다 보니 어느새 다리가 아파온다. '근처에 차를 마시며 쉴 곳이 없을까?' 골목길을 살피는데 귀여운 간판이 걸려 있는 숍이 보인다. 분위기상 빈티지 숍이 아닐까 하며 들어갔는데, 가게 안은 여러 가지 빈티지 그릇과 장식품들로 가득하다. 요즘 부쩍 빈티지 그릇의 매력에 눈을 뜨고 있었던 참인데, 보물창고를 만난 것처럼 횡재한 기분이다.

영국인이라면 집집마다 하나쯤 있을 법한 '드레서dresser'라 불리는 앤티크 진열장부터 2단 스탠드, 빈티지 감성이 물씬 풍기는 찻잔과 그릇들을 찬찬히 구경하는데, 안쪽에 작은방이 보인다. 수줍게 숨어 있는 그곳은 아담한 티룸이다! 쉬어갈 곳이 간절했는데… 반가운 마음에 얼른 자리를 잡았다. 한산하고 여유로운 모습이 마치 영국 시골집 거실처럼 꽤 포근하다.

점원 아가씨에게 빈티지한 분위기가 마음에 든다고 한마디 건넸더니, 점원은 기다렸다는 듯 신이 나서 설명을 시작한다. 영국 시골 여자 같은 심한 곱슬머리가 인상적인 아가씨의 설명에 따르면, 이곳은 마거릿이라는 여성이 30년 동안 수집한 소품으로 꾸민 곳이라고 한다. 마거릿의 딸 루이스가 매일 케이크를 구우며 이곳을 운영하고 있는데, 다른 곳에도 창고가 더 있다고 한다.

설명을 듣고 보니 정말로 엄마의 다락방 같은 느낌이 들었다. 엄마가 평생 수집한 물건을 딸이 맡아서 운영하는 곳이라니! '엄마가 물려주는 물건은 낡고 구식이라고 싫어하던 나와는 다른, 참 착한 딸이구나.' 갑자기 한국에 있

CAKEHOLE

는 엄마가 그리워졌다.

티룸 사진을 열심히 찍어대니 곱슬머리 아가씨가 런던을 소개하는 책에도 몇 번 실렸다는 자랑과 함께 책 드 권을 가져다 주었다. 한 권은 예쁜 사진들로 가득 찬 런던의 분위기 좋은 티룸을 소개하는 책이고, 다른 한 권은 런던의 빈티지 문화에 관한 가이드북이다. 책에는 빈티지 쇼핑을 할 수 있는 숍들과 영국인의 빈티지 라이프, 문화가 자세히 소개되어 있었다. 과거의 특정 시대를 향유하고자 하는 마니아들은 그 시대의 음악과 사조에 심취해 있을 뿐만 아니라 그 시대의 패션과 헤어 스타일 그리고 메이크업까지 실생활에서 그대로 재현하고 있다고 하는 부분이 특히나 흥미로웠다. 아마 영국인들은 이 세상에서 빈티지를 제일 좋아하는 사람들이 아닐까?

런던 시내에는 아직도 영화에서나 볼 수 있을 법한 클래식한 빈티지 자동차를 타고 다니는 모습은 물론이고 곳곳에서 빈티지 마켓을 쉽게 발견할 수 있다. 제1차 세계대전 당시 군인들이 입었던 옷, 낡은 축구공, 빈티지 카메라, 그릇과 은수저 등등 빅토리아 시대의 물건들은 기본에 속한다. 상류층이 쓰던 물건들이 한꺼번에 중고시장어 쏟아져 나온 시기가 바로 빅토리아 시대이기 때문인데, 그런 물건들이 주를 이루는 빈티지 문화라 그런지 빈티지 마켓을 '중고시장' 혹은 '고물상'이라고 번역하면 너무 다른 느낌이다.

끊임없이 첨단의 유행을 추구하는 사람들에게 빈티지 문화는 어쩌면 거부감 드는 구닥다리쯤으로 여겨질지도 모르겠다. 내 남편만 하더라도 낡은 옷들을 왜 돈을 주고 사 입는지 도대체 이해가 되지 않는다고 하니 말이다. 심지어 벼룩이 있는 건 아니냐고 물을 때도 있다.

나도 런던에 오기 전까지는 남편과 비슷한 생각이었다. 하지만 빈티지 옷을 구입하는 이유를 알게 된 계기가 있다. 영국에서 패션을 공부하는 제시카에게 "전에 길을 가다 어떤 여자가 발목까지 오는 롱코트를 입고 가는 걸 봤는데 너무 이쁘더라"라고 했더니, "언니, 요즘에는 다 무릎 길이 코트밖에 안 나와요. 그렇게 발목까지 오는 코트는 빈티지 숍에서나 살 수 있으니 한번 가 보세요. 저도 이번에 한국에 가서 저희 아빠가 젊은 시절에 입던 무릎 아래까지 내려오는 버버리 트렌치코트를 챙겨 왔어요"라는 말을 듣고 수많은 빈티지 옷가게들이 존재하는 이유를 알게 되었다.

오랜 세월을 견뎌온 노인의 주름에는 수많은 이야기가 담겨 있다. 어쩌면 영국인들이 빈티지에 열광하는 진짜 이유는 손때 묻은 물건들 속에 담겨 있는 수많은 사연과 추억들 때문이 아닐까? 30년이 넘은 추억의 물건들이 가득한 이곳에서 오늘 나는 새로운 추억을 만들었다. 그리고 이곳이 사라지지 않는 한 더 많은 사람들이 이곳에서 추억을 쌓게 될 것이다. 단순히 과거에 머물지 않고 현재와 함께 숨쉬게 하는 것. 이것이 영국 빈티지 문화의 가장 큰 매력이 아닐까?

이곳에서 좋은 추억을 만드는 데 도움을 준 곱슬머리 아가씨는 이곳이 일본 책에도 실렸다며 자랑을 한다. 이제 이곳이 한국에도 소개될 거라는 사실을 알면 그 아가씨가 꽤나 좋아하겠지? 나도 그 아가씨에게 좋은 추억 하나를 선물할 수 있게 되어서 기쁘다.

빈티지 그릇 가게 빈티지 헤븐 Vintage Heaven 안쪽에 숨어 있는 티룸,

케이크 홀 Cake Hole 정보

- MAP 135p

ADD 🚇 *Old Street*(2번 출구에서 55번 버스 승차 후 해크니 로드 Hackney Road, 어스틴 스트리트 Austin Street에서 하차, 길 건너 콜롬비아 로드까지 도보로 약 7분 소요.) 82 Columbia Road, Bethnal Green, London E2 7QB

TEL +44-12-7721-5968

TIME 토 12:00~18:00, 일 8:30~17:00

HOMEPAGE www.vintageheaven.co.uk

PLUS
LONDON

런던의 빈티지 마켓

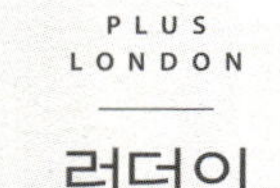

포토벨로 마켓 Portobello Market

- MAP 145p

영화 〈노팅힐〉의 촬영지인 포토벨로 마켓이 서는 포토벨로 로드 초입에는 앤티크 숍들과 노점들이 죽 늘어서 있다. 길 양옆으로 난 골목으로 들어가면 수많은 앤티크 숍들이 미로처럼 이어져 있는데, 앤티크와 빈티지에 열광하는 사람이라면 구석구석을 구경하느라 시간 가는 줄 모를 것이다. 앤티크 거리를 지나 내리막길을 따라가면 채소와 과일, 스트리트 푸드를 파는 푸드 마켓이 서고, 좀 더 내려가면 옷과 잡화 등을 파는 거리가 나온다.

* 금, 토요일에만 앤티크 숍과 노점이 모두 연다.

ADD *Notting Hill Gate* Portobello Road, London W10 5TE

TIME 월~수 9:00~18:00, 목 9:00~13:00, 금~토 9:00~19:00

HOMEPAGE www.portobellomarket.org

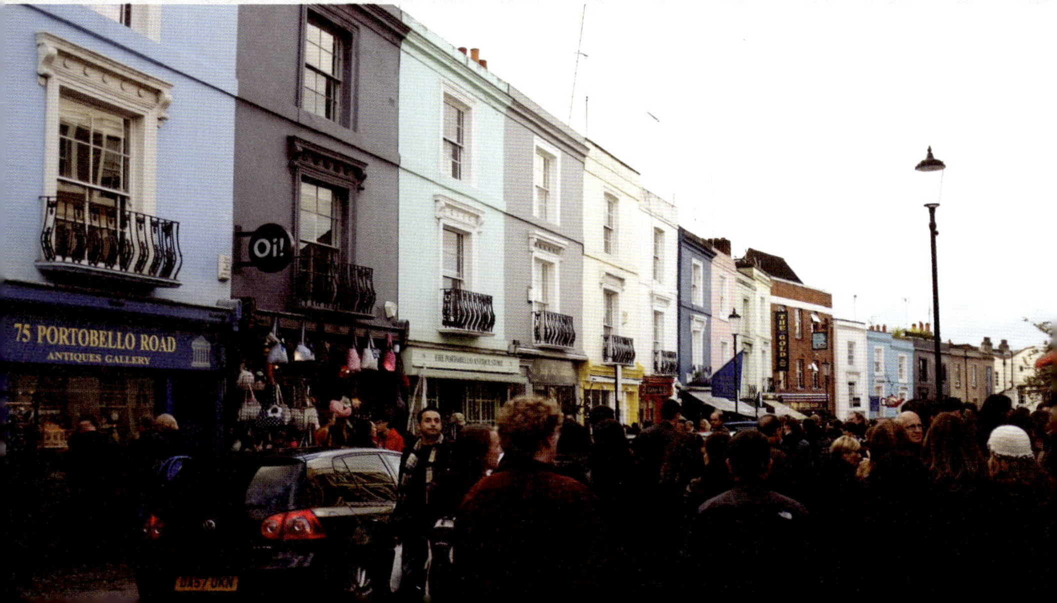

주빌리 & 애플 마켓 Jubilee & Apple Markets

- MAP 127p

일 년 365일 시끌벅적하고 생기 넘치는 관광 명소인 코벤트 가든에서 빼놓을 수 없는 구경거리다. 고가의 진귀한 물건보다는 생활 잡화나 액세서리, 그릇 등 저렴한 물건들이 주를 이루며 가격도 부담스럽지 않다. 매일 장이 서는 애플 마켓보다는 월요일에만 앤티크 마켓이 서는 주빌리 마켓이 가격도 저렴하고 규모도 더 커서 살 만한 것이 많다.

주빌리 마켓

ADD Ⓣ *Covent Garden* 1 Tavistock Court, The Piazza, Covent Garden, London WC2E 8BD
TIME 월(앤티크 마켓) 5:00~16:00, 화~금 9:30~18:30, 토~일(아트&크래프트 마켓) 9:30~17:30
HOMEPAGE www.jubileemarket.co.uk

애플 마켓

TIME 월~수 10:00~19:00, 목 10:00~20:00, 금~토 10:00~19:00, 일 11:00~18:00
(앤티크 마켓은 월요일에만 선다)
HOMEPAGE www.coventgardenlondonuk.com/markets

캠던 패시지 Camden Passage

런던 북부 이즐링턴Islington이라는 조용한 주택가의 좁은 골목 안에 들어선 알찬 앤티크 시장. 어느 백작이 사용했을지도 모를 앤티크 보석, 크리스털, 명화, 가구 등 진귀한 물건을 파는 상점부터 앤티크 소품과 옷, 그릇을 파는 노점까지 종류가 다양하다. 골목에는 앤티크 숍들 외에 작은 카페와 레스토랑도 있어 그 풍스러운 시간의 향기를 느낄 수 있다. 노점과 상점이 모두 여는 수요일과 토요일에 볼거리가 가장 많다.

ADD Ⓣ *Angel* Camden Passage, Islington, London N1 8E4
TIME 수 9:00~18:00, 금 10:00~18:00, 토 9:00~18:00, 일 11:00~18:00
HOMEPAGE www.camdenpassageislington.co.uk

올드 트루먼 마켓 Old Truman Markets

- MAP 135p

브릭 레인은 현재 런던에서 유명한 빈티지 의류 숍과
빈티지 레코드 숍, 가구점 등 다양한 빈티지 마켓이
모두 모여 있어 빈티지 창고로 불린다. 특히 주말에
열리는 브릭 레인 마켓에는 우리나라의 홍대 앞 벼룩
시장처럼 젊은이들이 갖가지 물건을 가지고 나와 길
에서 자리를 펴고 팔기도 한다. 그 외 선데이업 마켓,
빈티지 마켓, 더 티룸스 등 여러 종류의 패션 빈티지
마켓과 푸드 마켓이 선다.

ADD 🚇 *Aldgate East* 91 Brick Lane, London
E1 6QL
HOMEPAGE www.trumanbrewery.com
www.bricklanemarket.com

선데이업 마켓

TIME 토 11:00~18:00, 일 10:00~17:00
HOMEPAGE www.sundayupmarket.co.uk

빈티지 마켓

TIME 금~토 11:00~18:00, 일 10:00~17:00
HOMEPAGE www.vintage-market.co.uk

백야드 마켓

TIME 토 11:00~18:00, 일 10:00~17:00
HOMEPAGE www.backyardmarket.co.uk

더 티룸스

TIME 토 11:00~18:00, 일 10:00~17:00
HOMEPAGE www.bricklane-tearooms.co.uk

빈티지 의류 숍 House of Vintage, Rokit, Absolute
Vintage, Beyond Retro, Blitz, Blondie
빈티지 레코드 숍 Rough Trade

올드 스피탈필즈 마켓 Old Spitalfields Market

- MAP 135p

청과물과 가금류를 판매하는 재래시장이었던 스피탈
필즈 마켓이 1991년에 런던 북부 외곽으로 옮겨간 뒤
로(뉴 스피탈필즈 마켓) 이곳을 '올드 스피탈필즈 마켓'이
라 부른다. 마켓의 지붕과 내부를 현대식으로 리모델
링해 본래 재래식 시장의 분위기는 많이 사라졌지만
런던 야외 마켓에서 느낄 수 있는 특유의 활기찬 분위
기는 여전하다. 목요일에는 빈티지 마켓, 금요일과 일
요일에는 젊은 디자이너들이 직접 만든 옷과 가방, 액
세서리 등을 판매하는 패션·아트 마켓이 선다. 모든
마켓이 서는 토요일이 가장 붐비는 날이다.

ADD 🚇 *Aldgate* 🚇 *Liverpool Street* 16 Horner
Square, Spitalfields, London E1 6EW
TEL +44-20-7247-8556
TIME 월~금 10:00~17:00, 토 11:00~17:00,
일 10:00~17:00
HOMEPAGE www.oldspitalfieldsmarket.com

피커딜리 마켓 Piccadilly Market

- MAP 126p

피커딜리 서커스의 도심 번화가 교회 앞마당에서 작게 열리는 마켓. 월요일에는 푸드 스톨이 서고 수요일부터 토요일까지는 예술 수공예품 마켓이, 화요일에는 앤티크 마켓이 선다. 도심 속의 작은 앤티크 마켓을 경험하기 좋은 곳이다.

ADD 🚇 *Piccadilly Circus* 197 St. James's Church, Piccadilly, London W1J 9LL
TIME 월 11:00~17:00, 화 10:00~18:00, 수~토 10:00~18:00
HOMEPAGE www.piccadilly-market.co.uk

버몬지 마켓(뉴 칼레도니안 마켓)

Bermondsey Market, New Caledonian Market

- MAP 111p

이스트엔드 지역에 있던 화이트 큐브 갤러리가 이곳으로 옮겨 오면서 주목 받고 있는 버몬지 지역 주택가의 작은 광장에서 열리는 앤티크 마켓. 뉴 칼레도니안 마켓이라고도 불린다. 1855년부터 시작된 긴 역사를 자랑한다. 원래는 훔친 물건들을 밀매하는 곳이었는데, 현재는 앤티크 마켓이 들어섰다. 가끔 조지안 시대나 빅토리아 시대의 보물이 숨어 있을 정도로 관광객보다는 현지인들이 주로 찾는 알짜배기 앤티크 마켓이다. 오전 11시면 판매대에 내어놓은 물건을 걷기 시작하니 아침 일찍 가야 한다.

ADD 🚇 *Borough* Bermondsey Square, Tower Bridge Road, London SE1 3UN
TIME 금 5:00~13:00

런던의
스트리트
푸드

다양한 먹거리가 있는 런던의 마켓에서 빠뜨릴 수 없는 것이 바로 스트리트 푸드! 노점상Food Stall에서 야심차게 선보이는 질 좋고 맛 좋은 스트리트 푸드 중에는 런더너들 사이에서 인기를 얻으며 점차 유명세를 타 정식 매장을 내거나 백화점에 입점하는 경우도 종종 있다. 서서 먹는 재미와 즐거움이 있는 런던의 대표적인 스트리트 푸드는 어떤 것들이 있을까?

런던의 마켓 정보
www.visitlondon.com/things-to-do/activities/shopping/market/food-market/
런던의 대표적인 마켓들을 비롯하여 지역별, 동네별로 열리는 크고 작은 마켓 정보가 다양하게 나와 있다.

런던의 푸드 스톨 정보
www.britishstreetfood.co.uk
(구글과 애플 앱스토어 모두에서 앱 다운 가능)
매년 우수한 스트리트 푸드 스톨을 선정해서 수상자와 추천 스톨을 발표한다. 어플리케이션을 다운받으면 현재 위치에서 가까운 푸드 스톨의 위치와 정보 등을 검색할 수 있어 홈페이지 정보보다 유용하다.

푸드 스톨을 만날 수 있는 런던의 마켓!

사우스뱅크 센터
로열 페스티벌 홀 뒤에서 열리며, 겨울철에는 템스 강변에 크리스마스 마켓이 선다.
금 12:00~20:00, 토 11:00~20:00, 일 12:00~18:00

하이드 파크
겨울에 윈터 원더랜드 크리스마스 마켓이 선다.

포토벨로 마켓
월~수 9:00~18:00(과일&채소 마켓fruit & veg market)

브릭 레인 마켓
보일러 하우스 푸드 홀Boiler House Food Hall에서 열린다.
토 11:00~18:00, 일 10:00~17:00

올드 스피탈필즈 마켓
매주 금 10:00~19:00(푸드 마켓),
매월 둘째 주 토 11:00~17:00

피커딜리 마켓
월 11:00~17:00

원 뉴 체인지
토 10:00~16:00

코벤트 가든
목 11:00~19:00

버러 마켓
토 8:00~17:00

브로드웨이 마켓
토 9:00~17:00

소시지와 버거 Sausage and Burger

가장 대표적인 스트리트 푸드. 최근에는 염장 및 훈제 고기인 유대인의 파스트라미 Pastrami나 파스트라미의 영국식 버전인 솔트 비프Salt Beef, 풀드 포크Pulled Pork 등의 고기를 빵 사이에 넣어 먹는 것도 인기 메뉴 중 하나다.

베지 버거 Veggie Burger

각종 곡물로 만든 번 사이에 고기로 만든 패티 대신 채소와 치즈로 만든 건강한 패티에 매콤한 살사 소스가 뿌려져 나온다. 맛도 생각보다 담백하고 고소하다. 최근 다이어트를 생각하는 젊은 런더너들 사이에서 인기 메뉴 중 하나!

키슈와 영국식 파이 Quiche & English Pie

달걀과 각종 채소, 베이컨 혹은 치즈가 들어간 프랑스식 계란 파이인 키슈Quiche와 고기가 많이 들어간 영국식 파이는 저렴한 가격에 한 끼 메뉴로도 든든하다.

인도 요리 Indian Street Food

카레 앤 라이스 같은 기본적인 메뉴 외에도 인도식 스트리트 메뉴는 점차 다양하게 진화하고 있다.

빠에야 Paella

스페인식 볶음밥인 빠에야Paella는 런던 마켓의 대표적인 메뉴다. 어느 마켓에서나 커다란 무쇠 냄비 가득 지글지글 끓고 있는 빠에야를 볼 수 있다.

프레첼과 아티산 브레드
Pretzel & Artisan Bread

매듭 모양의 밀도가 높은 빵 프레첼Pretzel과 질 좋은 밀가루를 사용한 풍미 좋은 각종 빵들도 빼놓으면 섭섭한 런던의 스트리트 푸드다.

생과일 주스 Fresh Squeezed Juice

볕 좋은 여름날 즉석에서 바로 짠 신선한 생과일 주스 한 모금만큼 상큼한 것이 또 있을까?

라클렛 Raclett

스위스에서 퐁듀와 더불어 대표적인 가정식 메뉴. 삶은 감자 위에 녹인 라클렛Raclett 치즈를 얹어 피클과 곁들여 먹는다. 감자 요리를 좋아하는 영국인들에게 겨울철 스트리트 메뉴로 인기!

추로스 Churros

스페인의 간식인 추로스도 겨울철의 대표적인 스트리트 메뉴다. 설탕을 솔솔 뿌린 튀김과자를 초콜릿 소스에 찍어먹는 달콤함이란! 그 외 과일과 향신료를 넣고 끓인 레드 와인mulled wine과 사람 모양의 진저브레드 쿠키, 군밤도 크리스마스에 흔히 볼 수 있다.

컵케이크 그 외 각종 디저트

달콤한 디저트들도 빼놓을 수 없다. 이곳에서는 우리나라에서 인기 있는 에그 타르트와 크루아상처럼 바삭한 질감의 도넛인 크로넛이 인기다.

04°
DISCOVER NEW
새로운 런던을 발견하는 방법

LONDON
런던의 키친에서 새로운 시작을 맛보다
영국을 대표하는 소울 푸드는?
그들이 오래된 집에 사는 이유

새로운 시작을 맛보다

　새로운 미식 도시로 떠오른 런던에서 놓치기 아쉬운 것 중 하나는 단연 근사한 공간미를 자랑하는 멋진 레스토랑에서 한 폭의 예술작품 같은 요리를 체험해보는 것이다. 하지만 물가 비싸기로 소문난 런던에서 그 많은 레스토랑들을 다 가보려면 부담이 이만저만이 아니다. 신중하게 장바구니에 과일을 담는 아줌마의 마음으로 이것저것 깐깐하게 따져가며 레스토랑 사전 정보를 탐색하던 어느 날, 평소 자주 챙겨보는 '타임아웃 런던' 사이트를 예리한 눈으로 살피던 중 유난히 눈에 띄는 한 장의 요리 사진을 발견했다.

　검은색 접시 위에 선홍빛이 선명하게 살아 있는 연어 한 조각과 그 옆에 붉은색 비트를 길게 썰어 리본처럼 말아 꽃잎을 위에 얹어놓은, 한 폭의 간결한 그림 같은 요리였다. 다양한 요리 사진을 보다 보면 그 어떤 예술 작품보다도 한눈에 시선을 사로잡는 요리들을 간혹 발견할 때가 있는데, 이 사진이 바로 그런 경우였다. 비록 사진임에도 불구하고 요리가 내뿜는 범상치 않은 매력이 강하게 느껴졌다.

　한눈에 들어오는 강렬한 색감도 색감이지만, 거의 날 것처럼 보이는 연어 한 덩어리를 과감하게 접시 위에 올려놓은 것이 무엇보다 흥미로웠다. '익히지 않은 연어 조각을 왜 올려놓은 걸까? 아마도 훈제를 했거나 염장을 했겠지? 맛은 어떨까?' 담음새는 매우 간결하지만 볼수록 궁금증을 유발하며 상상하게 하는 요리, 나는 그런 추상화 같은 요리가 좋다. 추상화는 보는 사람에 따라 얼마든지 재해석될 수 있는 매력이 있기 때문이다. 그날 이후로 이 요리 사진은 내 태블릿 PC의 바탕화면이 되었다.

[새로운 런던을 발견하는 방법]

‘언젠가 이곳에 식사를 하러 가야지’ 하고 벼르던 중, 때마침 영국에서 알게 된 요리사 친구인 션이 아부다비에 직장을 잡아 런던을 떠나게 되어 작별 인사도 할 겸 같이 식사를 하기로 했다. 느낌이 통한 것일까? 션이 가고 싶다고 한 레스토랑이 바로 이곳이었다. 부활절 연휴임에도 가는 눈발이 날리던 오후에 옥스퍼드 번화가의 인파를 헤치고 고요한 골목길로 통하는 폴른 스트리트로 향했다.

레스토랑이 위치한 폴른 스트리트의 이름을 딴 폴른 스트리트 소셜^{Pollen} ^{Street Social}은 고급 레스토랑 고든 램지^{Gordon Ramsay}의 총괄 셰프였던 제이슨 애서른^{Jason Atheron}이 독립하여 차린 첫 번째 레스토랑이다. 문을 연 첫 해에 미슐랭에서 별 하나를 받고, 그 해 최고의 뉴 레스토랑으로 꼽히는 등 매우 주목받고 있는 곳이다. 또한 싱가포르, 상하이, 홍콩에도 자매 레스토랑을 오픈하여 꽤 잘나가고 있는 핫플레이스다.

레스토랑 천장에 방울방울 매달린 유리구슬 같은 조명과 흰 테이블보가 깔린 환한 다이닝룸의 전경에 마음이 살짝 설렌다. 무엇보다도 입구에 들어설 때부터 다른 레스토랑에 비해 유난히 많은 그림들과 조형물들이 사방을 둘러싸고 있어 마치 갤러리에 와 있는 기분이 들었다.

이곳은 런던의 사이먼 올드필드^{Simon Oldfield}라는 갤러리와 연계하여 그곳의 작품을 전시해놓고 있는데, 그중어는 앤디 워홀의 작품도 있다고 한다. 더불어 셰프 제이슨은 미술에 관심이 많아 현재 영국 예술가들의 후원자로도 활동하고 있다는 이야기를 듣고 나니, 요리와 미술은 다른 듯 서로 닮은 구석이 있는 듯하다. 흰 도화지가 흰 접시로 바뀌었을 뿐 그 위에 미각과 시각을 동시에 디자인한다는 면에서 요리사와 예술가는 어쩌면 일맥상통하는 직업

일지도 모르겠다.

어느덧 주문한 요리들이 하나씩 나오기 시작한다. 나의 태블릿 바탕화면을 장식한 요리는 아쉽게도 더 이상 메뉴에 없지만 애피타이저부터 디저트까지 하나하나 유명 레스토랑에서 갈고 닦은 탄탄한 기본기가 느껴진다. 셰프의 작품 세계를 눈과 입으로 마음껏 감상하며 음식을 즐기다 보니 어느새 배가 불러온다. 오늘 처음 먹어본 달고기John Dory라는 생선은 우리나라에서는 다소 생소하지만 영국에서는 꽤 흔한 흰살 생선인데, 본래 맛이 담백하지만 솜씨 좋게 익혀 그야말로 입 안에서 살살 녹는다는 표현이 딱 어울리는 오늘의 베스트 요리였다.

식사 중간중간 유리창 너머로 요리사들이 일사불란하게 움직이는 모습을 보니 왠지 모르게 묘한 기분에 휩싸이기 시작했다. 솔직히 말해서 결혼을 하고 런던에 오면서 당분간 키친에서 벗어나고 싶었다. 이런저런 생각들이 실타래처럼 엉켜 예전처럼 패기 하나만 믿고 험한 키친에서 일을 하기가 망설여졌기 때문이다.

결혼이 여자에게 이 정도의 심리적 변화를 가져올 줄이야…. 결혼을 하고 언젠가 아기를 낳아도 지금처럼 레스토랑에서 요리사로 일할 수 있을까? 언젠가 나만의 레스토랑을 차린다면 지금 당장 어떤 레스토랑에서 일하는 것이 훗날 실질적인 도움이 될지 현실적으로 따져보았다. 만약 키친 밖에서 일을 한다면 요리와 관련된 무슨 일을 할 수 있을까 고민해보기도 했다. 그런데 나도 모르게 이곳에서 식사를 하는 동안 점점 다시 키친으로 돌아가고 싶다는 마음이 간절해졌다.

그날 이후 며칠 밤을 고민한 끝에 결론을 내렸다. '그래, 키친으로 돌아가자.' 우선 당장 일할 곳을 정하기 전에 지난번에 식사를 했던 폴른 스트리트 소셜에서 스타쥬를 하기로 결심했다. (뉴욕과 런던에 있는 대부분의 레스토랑에서는 셰프의 허락을 받으면 스타쥬Stage라는 단기간 무급 실습을 하며 키친의 분위기도 익히고 메뉴도 시식할 수 있는 기회를 준다.)

우선 자기소개서를 들고 레스토랑을 찾아갔다. 한창 바쁜 시간에 찾아가면 절대 셰프를 만날 수 없기에 런치 서비스가 끝난 후 디너 서비스가 시작되기 전 중간 시간에 맞춰 왔다. 그런데 레스토랑 창 너머로 보니 런치 서비스 시간이 한참 지났는데도 아직까지 다이닝룸 안에서 손님들이 식사를 하고 있다. 경험상 이런 타이밍에 레스토랑 정문으로 들어가서 셰프를 만나러 왔다고 하면 분명 입구에서 일하는 호스트가 셰프에게 이력서를 전해주겠다고 하고는 한참 있다 연락을 하거나 함흥차사인 경우가 대부분이다. 분명히 다시 확인 전화를 하고 약속을 잡아야 할 것이 뻔했다.

'어떤 방법이 좋을까?' 밖에 서서 고민하다 주변을 둘러보니 키친으로 통하는 문이 보인다. '에라 모르겠다.' 무작정 키친으로 내려가 기웃기웃하니 요리사 복장을 한 아이 한 명이 지나간다. "안녕? 너 여기서 일해? 나 스타쥬 때문에 셰프 만나러 왔어. 셰프 있니?" 하고 묻자 대수롭지 않게 나를 키친으로 데려다주었다. 작전 성공!

생각보다 쉽게 셰프를 만나 간단하게 자기소개를 하고 이곳에서 스타쥬를 하고 싶다고 했다. 셰프는 이력서를 살펴보더니 흔쾌히 승락했다.

"좋아! 언제부터 나올 수 있지?"

"내일모레요!"

"그럼, 내일모레 아침 8시까지 나와!"

스타쥬를 하러 가기 전날 밤, 출근 준비를 하기 위해 열심히 칼을 갈다 보니 이런저런 걱정이 조금씩 밀려왔다. '결혼 후 런던에 와서 처음으로 키친에서 일하는 건데 어린 애들이 아줌마라고 무시하면 어쩌나?', '무뎌진 칼날만큼 내 손끝도 무뎌진 건 아닐까?', '뉴욕과 조리 용어가 달라 알아듣기 어려우면 어쩌지?' 하지만 다행히 걱정이 채 깊어지기 전에 나의 강력한 무기인 '무대포 정신'도 함께 등장했다. '뉴욕에서도 살아남았는데 어디서든지 성실한 태도와 진실한 마음만 있으면 통하겠지.'

다음 날 아침, 오랜만에 칼 가방을 매고 지하철을 탔다. 그동안의 관광객 마인드에서 이제야 진정한 런더너가 된 것 같고, 점점 내 자리를 찾아가는 듯 안정감이 들었다.

레스토랑에 도착해서 조리복으로 갈아입고 키친으로 올라갔다. 다른 요리사들은 이미 30분 전에 출근해서 한창 일을 하고 있었다. 런던의 요리사들은

아침 7시 30분에 출근해서 자정까-지 일을 하고, 대신 일주일에 3일을 쉬는 다소 살인적인 스케줄이 일반적이다.

지난 밤 몇 시간밖에 못 자고 나와 잠이 덜 깬 듯 피곤한 얼굴의 요리사들은 일이 많은지 매우 분주해 보였다. 게다가 요리사들 중에 여자는 한 명도 없었다. 이런 경우 보통 매우 일이 그된 키친이라는 뜻이다.

다들 유럽의 여러 나라에서 왔는지(유럽연합 국가들은 국경을 넘나들며 자유롭게 일할 수 있다) 다양한 악센트의 영어가 여기저기서 들렸다. 마침 이탈리아에서 온 다니엘이 도움을 요청해서 그의 일을 도와주기로 했다.

보통 스타쥬에게는 본인이 하기 귀찮거나 번거로운 일을 맡기는데, 역시나 다니엘이 나에게 처음 맡긴 일은 바로 공포의 '핑거링 포테이토 퓨레'였다! 손가락처럼 길고 작은 핑거링 포테이토는 감자의 여러 품종 중에 가장 고소한 맛이 나 포테이토 퓨레(으깬 감자)로 하면 일반 감자를 썼을 때보다 더 차지

[새로운 런던을 발견하는 방법]

고 깊은 맛이 난다. 대신 일반 감자보다 크기가 작아서 껍질을 벗기기 성가신데다 감자가 식으면 껍질이 잘 벗겨지지 않는다. 그러므로 뜨거울 때 재빨리 껍질을 벗겨 라이서ricer에 넣고 신속하게 돌려야 부드럽게 으깨진다. 한 포대는 족히 되어 보이는, 갓 삶아 뜨거운 핑거링 포테이토의 껍질을 재빨리 벗겨 라이서로 돌리고 있는 내 모습을 보는 다니엘의 얼굴이 왠지 뿌듯해 보인다.

그밖에 버섯 다듬기, 세이지sage 허브를 다듬어 멸치를 싼 다음 튀김옷 입혀 튀기기 등 다니엘의 일손을 부지런히 돕다 보니 슬슬 피곤이 밀려온다. 중간중간 기지개를 펴면서 일하고 있는데 어느새 런치 서비스 시간이 되어 손님들의 주문이 하나씩 들어오기 시작한다. 창문 너머로 보니 오늘 아침 내가 만든 포테이토 퓨레와 멸치튀김 그리고 다른 요리들이 접시에 담겨 테이블로 나가고 있다. 내가 만든 요리가 처음으로 런더너의 식탁에 오르는 순간이다.

순간 제2차 세계대전 당시 나치의 공습으로 혼란에 빠진 영국 국민들에게 국왕 조지 6세가 남긴 대국민 머시지가 떠올랐다. '평정심을 유지하고 하던 일을 계속해라Keep calm and carry on!' 누구나 자신만의 인생의 속도가 있다. 한때 텔레비전 속의 제이미 올리버를 보며 요리를 배우고 싶어 하던 나는 이제 칼 한 자루만 있으면 세계 어디서든 살아남을 수 있는 당당한 요리사가 되었다. 런던이라는 새로운 무대에서 나의 별명인 황소처럼 평정심을 유지하고 하던 일을 열심히 해 나가야지! 런던의 키친에서의 첫날은 그렇게 시작되었다.

런더너들이
인정하는
맛

까다로운 미식가들에게
추천하는 레스토랑

디너 바이 헤스톤 블루멘탈
Dinner by Heston Blumenthal

- MAP 145p

수준 높은 미식가들 사이에서 명성이 자자한 곳. 영국 역사상 가장 위대한 셰프로 꼽히는 헤스톤 블루멘탈의 두 번째 레스토랑으로, 런던의 만다린 오리엔탈 호텔 안에 있다. 런던 외곽의 브레이Bray 지역에 위치한 그의 첫 번째 레스토랑인 팻 덕Fat duck은 일인당 식사 비용이 50만 원에 달할 정도로 비싸지만 그에 비해 이곳에서는 다소 저렴한 가격으로 셰프의 요리를 경험해볼 수 있다. 기발한 반전미가 돋보이는 미트 푸르츠Meat Fruit가 셰프의 시그니처 디시다.

ADD Knightsbridge 66 Knightsbridge, London SW1X 7LA
TEL +44-20-7201-3833
TIME 월~일 12:00~14:30(런치), 18:30~22:30(디너)
COST 메인 디시 38£ 내외
HOMEPAGE www.dinnerbyheston.com

클로 마지오레 Clos Maggiore

- MAP 127p

벚꽃이 흐드러지게 핀 봄날 오후의 정원을 떠오르게 하는 다이닝룸이 인상적인 레스토랑으로, 런더너들이 뽑은 '가장 로맨틱한 레스토랑' 리스트에 매년 이름을 올리고 있다. 직원들의 편안한 서비스와 쾌적한 실내 온도, 따뜻하게 보관된 화장실 안의 핸드타월까지 곳곳에서 섬세한 배려가 느껴진다. 메뉴는 클래식한 프렌치 요리들로 구성되어 있다.

ADD Covent Garden 33 King Street, Covent Garden, London WC2E 8JD
TEL +44-20-7379-9696
TIME 월~일 12:00~14:30(런치), 17:00~23:00(디너)
COST 2코스 프리 픽스 17.50£(와인 포함 시 22.50£)
HOMEPAGE www.closmaggiore.com

레드버리 Ledbury

- MAP 145p

버터가 듬뿍 든 묵직한 맛을 싫어하는 사람들에게 추
천하는 프렌치 레스토랑이다. 계절감이 살아 있는 식
재료 본연의 맛을 최대로 끌어올렸다는 평을 받으며
미슐랭 투 스타를 받았다. 고급 호텔 출신 직원들의
차분하고 섬세한 서비스가 식사 내내 편안함을 느끼
게 해준다. 음식, 분위기, 서비스 모두 전체적으로 수
준 높은 곳이다.
이곳의 셰프 브렛 그라함Brett Graham은 레스트랑 분
야의 오스카 상이라 불리는 '월드 50 베스트 레스토
랑The World's 50 Best Restaurant'에서 영국 레스토랑 중
2위를 차지하며 세계적으로 주목받고 있다. '월드 50
베스트 레스토랑'은 영국의 월간지 《레스토랑》이 주
관하며 매년 각국의 셰프, 레스토랑 평론가, 레스토랑
사업가, 미식가 등 요리 전문가들의 투표를 통해 선정
된다. 상위권을 차지한 레스토랑들을 보면 현재 미식
의 세계적인 트렌드를 엿볼 수 있다.

ADD 🚇 *Westbourne Park* 🚇 *Ladbroke Grove*
127 Ledbury Road, Notting Hill, London W11 2AQ
TEL +44-20-7792-9090
TIME 수~일 12:00~14:00(런치),
월~토 18:30~21:45(디너), 일 18:45~21:45(디너)
COST 4코스 런치 세트 45£, 8코스 테이스팅 메뉴
110£
HOMEPAGE www.theledbury.com

폴른 스트리트 소셜 Pollen Street Social

- MAP 126p

런던의 캐주얼 파인 다이닝을 엿보고 싶은 사람에게
추천하고 싶은 곳. 고든 램지의 레스토랑에서 독립하
여 최근 런던에 네 개의 레스토랑을 오픈한 셰프 제
이슨 애서른Jason Atheron의 첫 번째 레스토랑이다. 런
치 프리 픽스 메뉴는 가격 대비 퀄리티가 높고 칵테
일 메뉴도 매우 훌륭하다. 페란 아드리아, 피에르 코
프먼, 마르코 피에르 화이트 등 세계적인 셰프 밑에
서 실력을 갈고 닦은 미슐랭 스타 셰프의 요리 세계
를 경험해보자!

ADD 🚇 *Oxford Circus* 8/10 Pollen Street,
London W1S 1NQ
TEL +44-20-7290-7600
TIME 월~토 12:00~14:30(런치),
월~토 18:00~22:30(디너)
COST 2코스 런치 세트 26£, 3코스 런치 세트 29.50£
HOMEPAGE www.pollenstreetsocial.com

페기 포르센 팔러 Peggy Porschen The Parlour

- MAP 93p

들어서는 순간 여심을 핑크빛으로 물들여버리는 동화 같은 케이크 숍. 조각케이크와 컵케이크를 판매하며 커피와 차를 마실 수 있는 작은 공간이 있다. 길 건너에 케이크 아카데미와 숍을 동시에 운영하고 있는 셰프 페기 포르센은 케이트 모스 등 셀러브리티들의 생일 케이크와 포트넘 앤 메이슨의 웨딩 케이크를 담당하고 있는 유명 케이크 디자이너.

ADD 🔵 *Victoria* 🔵 *Sloan Square* 116 Ebury Street, Belgravia London SW1W 9QQ
TEL +44-20-7730-1316
TIME 일~목 9:30~18:00, 금~토 9:30~19:00
COST 컵케이크 3.50£
HOMEPAGE www.peggyporschen.com

오토렝기 Ottolenghi

채식주의자들이 사랑하는 런던의 인기 레스토랑. 샐러드 메뉴의 참신함과 다양성 면에서는 런던에서 최고다. 독일인 어머니와 이탈리아인 아버지 사이에서 태어나 이스라엘에서 성장하고 런던에서 요리를 배운 셰프 오토렝기의 배경만큼이나 다양한 동서양의 맛과 향이 한 접시에 조화롭게 담겨 있다. 샐러드 바에서 3~4가지의 메뉴를 고를 수 있는 런치 메뉴(14£ 정도)가 인기이며, 디저트 메뉴도 매우 훌륭하다. 셰프 오토렝기는 다수의 요리책을 쓴 저자로, BBC 요리 프로그램 진행자이자 〈가디언Guardian〉지에 칼럼을 기재하기도 했다.

HOMEPAGE www.ottolenghi.co.uk

노팅힐 점 - MAP 145p
ADD 🔵 *Notting Hill Gate* 63 Ledbury Road, London W11 2AD
TEL +44-20-7727-1121
TIME 월~금 8:00~20:00, 토 8:00~19:00, 일 8:30~18:00

이즐링턴 점(레스토랑)
ADD 🔵 *Angel* 🔵 *Highbury&Islington* 287 Upper Street, London N1 2TZ
TEL +44-20-7288-1454
TIME 월~토 8:00~20:00, 일 9:00~19:00

벨그레이비어 점 - MAP 145p
ADD 🔵 *Knightsbridge* 13 Motcomb Street, London SW1X 8LB
TEL +44-20-7823-2707
TIME 월~금 8:00~20:00, 토 8:00~19:00, 일 9:00~18:00

마커스 웨어링 Marcus Wareing

- MAP 145p

미슐랭 투 스타 레스토랑으로 버클리 호텔(애프터눈
티와 피에르 코프먼의 레스토랑으로 특히 유명하다) 안
에 있다. 마커스 웨어링에서는 탄탄한 기본기가 느껴
지는 정교한 프랑스 요리를 맛볼 수 있다. 셰드 마커
스 웨어링은 3대째 내려오는 런던의 유명 프렌치 레
스토랑 '르 가브로쉬Le Gavroche'에서 일한 적이 있는
데, 그때 동업자이며 라이벌이자 오랜 친구이기도 한
고든 램지를 처음 만났다. 영국에서는 고든 램지만
큼 유명한 셰프다.

ADD Knightsbridge Hyde Park Corner
The Berkeley, Wilton Place, Knightsbridge,
London SW1X 7RL,
TEL +44-20-7235-1200
TIME 월~토 12:00~14:30(런치), 18:00~23:00(디너)
COST 메인 디시 19£(런치), 2코스 메뉴 60£
HOMEPAGE www.the-berkeley.co.uk/knights-
bridge-restaurants/marcus-wareing/

프린치 Princi

- MAP 126p

패션의 도시 밀라노에서 건너온 세련된 이탈리안 베
이커리 겸 카페테리아다. 고급스러운 보석 가게를 연
상시키는 유리 쇼케이스 안에는 밀라노풍의 다양한
이탈리안 디저트들이 진열되어 있고, 카페 안쪽에는
화덕에서 구운 피자를 맛볼 수 있는 레스토랑이 있다.
아르마니가 디자인한 직원 유니폼과 쇼핑백, 피자 박
스도 매우 멋스럽다.

ADD Tottenham Court Road 135 Wardour
Street, London W1F OUT
TEL +44-20-7478-8888
TIME 월~토 8:00~24:00, 일 8:30~22:00
HOMEPAGE www.princi.co.uk

딜러니 Delaunay

- MAP 127p

감각 있는 런더너들 사이에서 잇플레이스로 통하는
곳이다. 오스트리아 빈의 느낌을 담은 유러피안풍의
분위기가 근사하고, 무엇보다 음식 맛이 좋다. 추천
메뉴는 이곳에서 직접 구운 베이글과 곁들여 나오는
파스트라미 그리고 슈니즐Schnitzel이다. 서민적이고
친근한 메뉴지만 섬세하고 고급스러운 맛이 난다. 딜
러니 레스토랑 옆에 위치한 딜러니 카운터는 캐쥬얼
카페로 패스츄리와 커피, 간단한 샐러드, 수프와 샌드
위치를 판다. 이곳의 크루아상은 런던에서 가장 맛있
다는 평을 받기도 했다.

ADD Temple 55 Aldwych, London WC2B 4BB
TEL +44-20-7499-8558
TIME 월 7:00~19:30, 화~금 7:00~22:30,
토 10:30~22:30, 일 10:30~17:30
COST 메인 디시 20£
HOMEPAGE www.thedelaunay.com

영국을 대표하는
소 울 푸 드 는?

테드 오로부터 딱 1퍼센트가 부족하다는 평가를 받게 된 운암정은, 그의 마음을 돌리기 위해 고민 끝에 의정부의 어느 허름한 식당으로 그를 데리고 갔다. 미국으로 입양된 그가 "의정부에 살던 어릴 시절에 엄마가 끓여준 얼 큰한 국물에 김치가 들어간 이름 모를 그 음식이 너무 그립다"는 신문기사 를 보고 그 음식이 부대찌개임을 짐작했기 때문이다. 그는 40년 만에 고국에 서 부대찌개를 먹으며 엄마가 끓여주던 바로 그 맛이라며 눈물을 흘렸고, 어 린 시절의 추억을 되찾은 음식 칼럼니스트로부터 운암정은 결국 최고 평점 을 받게 된다.

위의 내용은 드라마 〈식객〉의 한 장면이다. 사실 나는 맛을 기억한다는 말 을 믿지 않았다. 누구나 추억 속의 음식이 하나쯤 있을 수야 있겠지만, 무려 40년 동안 잊고 있던 맛을 한 번에 기억해내는 장면을 보며, '에이, 드라마라 서 가능한 픽션이네' 하고 전혀 공감하지 못했다.

그 후 나는 어느 날 4년 만에 찾은 엄마 집에서 우연히 식탁 위에 있던 머 루포도를 보게 되었다. 포도를 그다지 좋아하지 않는 편이지만 오랜만에 보 는 진한 한국의 포도빛이 반가운 마음에 무심코 포도 한 알을 입에 넣은 순 간, 그 맛과 향기에 문득 잊고 있던 20년 전 추억들이 영화 속 장면처럼 한순 간에 눈앞에 떠올랐다. 가족들과 마루에 앉아 포도를 먹던, 너무도 무더웠던 초등학교 여름방학의 그 어느 날이. 그 자리에 함께 있던, 포도를 너무 좋아

해 씹지도 않고 꿀떡꿀떡 잘도 삼키던 사촌언니까지…. 그날의 특별한 경험을 통해 '미각이란 그렇게 영혼을 더듬어줄 수도 있는 것이구나'라고 처음으로 공감했다.

단것만 찾던 어린아이가 나이가 들며 구수한 청국장을 찾는 어른이 되고, 그렇게도 쓰던 소주가 어느 날 문득 달게 느껴지는 때가 오는 것처럼 미각은 그렇게 살아온 세월만큼 같이 나이를 먹어가고 성숙해간다. 이렇듯 우리에게는 오랜 친구처럼 추억을 더듬어주는 정겨운 '소울 푸드Soul Food'가 있다.

영어 사전에서 정의하는 소울 푸드는 미국 남부 지역의 흑인 음식을 뜻한다. 소울Soul이라는 단어는 흑인 문화를 의미하는 것이 보편적이지만, 보통 소울 푸드는 향수를 불러일으키는 음식을 뜻하기도 한다. 소울을 대표하는 단어로 소울 뮤직, 소울 푸드 두 가지가 있는 것을 보면, 아마도 음악과 음식은 영혼을 보듬어준다는 점에서 서로 닮은 구석이 있는 듯하다.

소울 푸드를 대표하는 음식으로는 검보Gumbo가 있다. 1700년대에 미국 남부 루이지애나Louisiana 지방이 프랑스, 독일, 스페인의 침략을 번갈아 받는 동안, 그곳에 노예로 끌려온 흑인들의 핍박과 설움 그리고 눈물이 그들의 다양

한 식재료와 만나 고스란히 음식에 담겼다. 검보는 소시지나 해산물, 강낭콩, 아프리카 채소인 오크라에 토마토 소스와 향신료 등을 넣고 걸쭉하게 끓여 밥 위에 얹어 먹는 음식이다. 아픈 역사와 눈물을 담은 음식이라는 면에서 왠지 우리의 부대찌개와 묘하게 닮은 듯하다. 음식에 얽힌 복잡한 사연만큼이나 매콤하면서도 복합적인 맛이 일품이다.

그런데 영국에 와서 우연히 검코와 매우 비슷한 음식을 알게 되었다. '치킨 티카 마살라Chicken Tikka Masala'라는 요리는 인도에서 영국으로 넘어오면서 현지화된 일종의 인도식 변종(?) 카레다. (인도에는 '치킨 티카 마살라'라는 메뉴가 없다고 한다.) 밥 위에 얹어 먹는 붉은색 카레는 매콤한 향신료 맛이 일품으로 맛은 전혀 다르지만 왠지 검보와 부대찌개가 떠올랐다.

영국은 제2차 세계대전의 승전국임에도 불구하고 오랜 전쟁의 후유증으로 경제적 궁핍과 인구 붕괴가 치경적이었다고 한다. 그래서 부족한 인력을 메우기 위해 영국의 이민국INS: Immigration and Naturalization Service은 식민지였던 인도, 방글라데시, 파키스탄 등에서 엄청난 인구를 이주시켰다.

고향을 떠나온 그들은 타향에서 자신들의 향수를 달래줄 음식을 찾았고,

[새로운 런던을 발견하는 방법]

현지의 재료들을 이용해 최대한 고향의 맛과 비슷한 음식을 만들어 먹었으리라. 그리고 그 음식은 시간이 흐르며 영국인의 입맛에 맞게 점점 더 현지화되어 오늘날 치킨 티카 마살라가 되었을 것이다. 타향에서 먹는 치킨 티카 마살라는 이방인인 그들에게 단순한 음식 이상의 헛헛한 마음을 달래주는 위안이자 친구가 아니었을까?

얼마 전 신문에서 흥미로운 기사를 보았다. '영국인들이 가장 즐겨 먹는 음식은 무엇인가?'라는 설문조사에 1위로 뽑힌 것이 피시 앤 칩스Fish and Chips나 뱅어스 앤 매시Bangers and Mash가 아닌 치킨 티카 마살라였다.

더욱 흥미로운 사실은 요즘 런던 거리를 걷다 보면 영어보다도 다양한 외국어가 더 자주 들린다. 런던에는 여행객들도 많겠지만, 런던은 이미 전체 인구 중 백인White British의 비율이 절반에 못 미치는 44.9퍼센트(2011년 기준)이고, 인도인의 인구 비율이 두 번째로 높은 다민족 도시다. 이민자들의 향수를 달래주던 인도식 변종 카레가 이제는 영국에서 가장 사랑받는 음식이 되었고, 고된 시절을 보낸 이민자들이 인구의 다수를 차지하게 되었다는 사실에 묘한 기분이 들었다. 이렇게 영국 그리고 런던은 다양한 사연을 가진 이민자와 그들의 문화가 섞인 다문화 국가, 다문화 도시로 변모하고 있다.

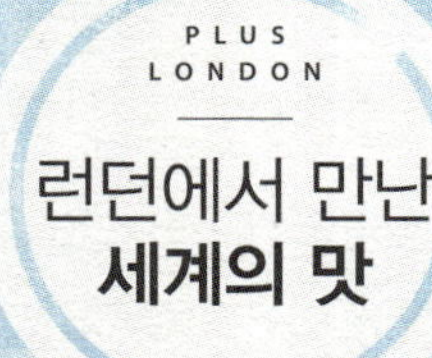

런던에서 만난
세계의 맛

10파운드 미만으로 가볍게 즐길 수 있는 런던의 다국적 맛집들

타얍스 Tayyabs

- MAP 135p

인도 북서부와 파키스탄 북부에 걸친 펀자브Punjabi 지역 출신의 이민자 가족이 2대에 걸쳐 운영하는 인도 레스토랑. 합리적인 가격과 본토 맛에 가까운 맛깔스러운 요리로 30년 가까이 런더너들의 사랑을 받고 있다.

ADD Whitechapel 83-89 Fieldgate Street, London E11 JU
TEL +44-20-7247-8521
TIME 월~일 12:00~24:00
HOMEPAGE www.tayyabs.com

카티롤 The Kati Roll Company

- MAP 126p

뉴욕에서 인기를 끈 인도 동부 지역의 스트리트 푸드 카티롤이 런던에 분점을 열었다. 인도 요리를 좋아하는 사람이라면 인도식 밀전병인 파라타Paratha에 각종 채소와 치즈, 고기 등을 넣어 먹는 카티롤에 푹 빠지게 될 것이다. 소고기를 넣은 운다 비프 롤Unda Beef Roll이 인기 메뉴다.

ADD Oxford Circus 24 Poland Street, London W1F 8QL
TEL +44-20-7287-4787
TIME 월~일 12:00~23:00
HOMEPAGE www.thekatirollcompany.com

반 미 11 Banh Mi 11

- MAP 135p

베트남어로 반 미Banh mi는 일반적인 빵을 통칭한다
고 한다. 프랑스의 지배를 받은 베트남에서 프랑스의
음식인 바게트가 베트남 고유의 식재료인 쌀과 만나
겉은 바삭하고 속은 폭신한 베트남식 바게트가 탄생
했다. 길다란 바게트 안에는 프랑스의 맛과 베트남의
맛이 골고루 섞여 있는데 바게트를 반으로 갈라 고
기나 생선을 넣고 초절임한 무채와 당근채, 오이, 고
수 풀과 칠리 소스를 넣어 만든 베트남식 바게트 샌
드위치는 우리의 떡볶이만큼이나 베트남에서 대중적
인 요리라고 한다. 바게트의 바삭한 식감과 내용물의
새콤달콤, 매콤, 고소한 맛이 한데 어우러진 복합적
인 맛이 일품이다.

ADD 🔴 *Old Street* 101 Great Eastern Street,
London EC2A 3JD
TEL +44-20-7253-1620
TIME 월~금 11:00~22:00, 토 12:00~22:00
HOMEPAGE www.banhmi11.com

라사 사양 Rasa Sayang

- MAP 126p

말레이시아 출신 유명 패션 디자이너 지미 추Jimmy
Choo도 인정한 말레이시안 레스토랑. 힌두교와 이슬
람교, 불교의 영향과 포르투갈, 네덜란드, 영국 그리
고 일본의 지배를 번갈아 받은 말레이시아의 역사만
큼 복합적인 문화가 풍성한 맛으로 담겨 있다. 덜큰한
국물 맛이 일품인 새우탕면Prawn Noodles, 커리 락사
Curry Laksa와 코코넛 라이스에 닭 요리, 멸치, 땅콩이
사이드로 나오는 나시르막Nasi Lemak이 대표 메뉴다.

ADD 🔴 *Leicester Square* 5 Macclesfield Street,
London W1D 6AY
TEL +44-20-7734-1382
TIME 월~목 12:00~23:00, 금~토 12:00~24:00
일 11:30~21:30
HOMEPAGE rasasayangfood.com

브레즈 에세트라 Breads Etcetra

호주식 브런치를 맛볼 수 있는 베이커리 카페. 메인
메뉴를 시키면 호주 출신 베이커가 직접 구운 빵과 다
양한 잼, 스프레드를 무한대로 가져와서 테이블마다
놓여진 토스터에 직접 구워 먹을 수 있는 서비스가 독
특하다. 주말이면 주민들로 북적거리는 동네 맛집이
다. 단 카드 결제가 안 되니 꼭 현금을 챙겨갈 것!

ADD 🚇 *Claph Common* 🚇 *Claph North* 127
Clapham High Street, London SW4 7SS
TEL +44-77-1764-2812
TIME 화~토 10:00~22:00, 일 10:00~16:00

비비고 Bibigo Bar & Dining
- **MAP 126p**

우리나라에서 만났던 비비고가 런던에도 문을 열었
다. 깔끔한 인테리어가 돋보이는 매장에서 변형 없는
한식의 맛을 런던에서 느껴보자.

ADD 🚇 *Oxford Circus* 58-59 Great Marlborough
Street, London W1F 7JY
TEL +44-20-7042-5225
TIME 월~일 12:00~16:00(런치), 18:00~23:00(디너)
HOMEPAGE bibigouk.com

쇼류 라멘 Shoryu Ramen

돈코츠 라멘의 본고장인 하카타 출신 일본인이 요리
하는 곳으로 런던에서 손꼽히는 라멘집이다. 보통 30
분씩 줄을 서서 기다려야 할 정도로 인기가 있다. 깔
끔한 국물 맛이 일품으로, 문을 연 지 일 년 만에 소호
에 2호점을 낼 정도로 좋은 반응을 얻고 있다.

COST 라멘 9£부터
HOMEPAGE www.shoryuramen.com

리젠트 스트리트 점 - MAP 126p
ADD ⊖ *Piccadilly Circus* 9 Regent Street,
London SW1Y 4LR
TIME 월~토 11:15~24:00, 일&공휴일 11:15~22:30

소호 점 - MAP 126p
ADD ⊖ *Piccadilly Circus* 3 Denman Street,
London W1D 7HA
TIME 월~토 11:15~24:00, 일&공휴일 11:15~22:30

카나비 점 - MAP 126p
ADD ⊖ *Oxford Circus* G3-5 Kingly Court,
London W1B 5P
TIME 월~토 11:30~23:00, 일&공휴일 12:00~22:00

본 대디스 Bone Daddies

- MAP 126p

〈가디언Guardian〉지의 '푸드 앤 라이프' 코너에서 쇼류
라멘과 본 대디스를 비교하는 기사가 났을 정도로 런
던의 대표적인 라멘집이다. 특이하게도 일본인이 아
닌 일본 요리에 흠뻑 빠진 호주인 셰프가 요리한다.
진한 국물 맛이 일품인 이곳은 개인적으로 제일 좋아
하는 라멘집이다.

ADD ⊖ *Piccadilly Circus* 31 Peter Street,
London W1F 0AR
TEL +44-20-7287-8581
TIME 월 12:00~15:00/17:30~22:00,
화~금 12:00~15:00/17:30~23:00,
토 12:00~12:00, 일 12:00~21:00
HOMEPAGE bonedaddiesramen.com

김치 투고 Kimchee To Go

고급 한식당으로 현지화에 성공한 레스토랑 '김치'가
테이크 어웨이 전문점 김치 투고를 열고 런던에 새로
운 한식 바람을 일으키고 있다. 창업주인 김동현 씨는
이미 '와사비Wasabi'라는 테이크 어웨이 스시 전문점
으로 영국에서 성공한 사업가로 꼽히는 교포다.

HOMEPAGE www.kimchee.uk.com

스트랜드 점 - MAP 127p
ADD ⊖ *Charing Cross* ⊖ *Leicester Square*
⊖ *Covent Garden* ⊖ *Temple* 388 Strand,
London WC2R OLT
TEL +44-20-7240-4515
TIME 월~일 8:00~22:00

뉴 옥스퍼드 스트리트 점 - MAP 127p
ADD ⊖ *Tottenham Court Road* 106 New Oxford
Street, London WC1A 1HB
TEL +44-20-7637-0937
TIME 월~금 10:30~21:00, 토~일 12:00~21:00

그들이 오래된 집에 사는 이유

당시에는 '유명 건축가가 살던 집이라 특별한 건축적 의미가 있어 저렇게 붙여놓았다 보다'라고 생각하며 그냥 지나쳤다. 그러다 얼마 후 길을 가다 또다시 어느 집 앞에서 낯익은 파란색 동그라미 표시를 보았다. 이번에는 그 안에 '배우 아무개가 몇 년부터 몇 년까지 살았던 곳'이라는 글귀가 적혀 있었고, 그 후에 만난 또 다른 어느 집 앞에는 '여행가였던 아무개가 어린 시절 살았던 집'이라는 문구가 있었다.

그 후로도 미스터리한 파란 동그라미는 계속 나를 따라다녔다. 한두 번도 아니고 너무 자주 마주치다 보니 문득 '왜 이런 걸 굳이 붙여놓았을까?'라는 생각이 들기 시작했다. '역사적인 인물들의 생가처럼 박물관으로 보존해놓은 것 같지도 않은데 이미 고인이 된 누군가가 이 집에 살았었다는 사실을 왜 알려주는 걸까?' 심지어 그 집에는 버젓이 사람이 살고 있는 것 같았는데, '혹시 후손들이 자랑스러운 조상을 기념하기 위해 자발적으로 붙여놓은 건가? 그럼 이 집에 살고 있는 사람들은 후손인가?' 하고 혼자 상상의 나래를 펼쳤다.

알고 보니 이 둥글고 파란 표지판의 정체는 블루 플라크^{Blue Plaque}였다. 왕립 예술협회^{Royal Society of Art}에서 1867년에 시인 바이런^{Baron Byron}의 생가를 기념하며 그의 집 앞에 블루 플라크 표시를 붙인 것에서 시작되었다고 한다. 그 후로 지금까지 런던에 살았던 유명인의, 그의 생애에서 가장 의미 있는 집을 찾아내 집 앞에 블루 플라크를 붙인다고 한다.

누군가의 인생에서 특별한 사연이 담긴 집을 찾아내 집 앞에 이런 표시를

GREATER LONDON COUNCIL
MARY KINGSLEY
1862–1900
Traveller and ethnologist
lived here
as a child

해놓는다니 "영국인들은 의식즈 중에 주를 가장 중요시 하는 민족"이라는 말처럼 그들의 '집'에 대한 남다른 애착이 다소 철학적으로 느껴지기까지 한다. 그만큼 블루 플라크의 의미는 내게 뭉클하게 다가왔다.

생각해보면 누구나 인생에서 소중했던 시간을 보낸 추억의 집이 있을 것이다. 나 역시 '태어나서 고등학교 때까지 살았던 집', '대학을 다니고 강아지 '탱이'와의 추억이 담긴 집' 혹은 '이 집에서 시집가기 전까지 식구들과 행복하게 살았었지…' 등 한때의 추억이 담긴 집 앞을 우연히 지나게 될 때면 지난 시절이 눈물 나게 그리워지곤 한다. 이렇게 집은 그곳에 얽힌 소중했던 지난 추억과 현재의 나를 이어주는 끈이 된다.

집에 남다른 의미를 두는 영국인들에게 블루 플라크는 사람과 공간을 연결해줌과 동시에 도시에 역사성을 부여하여 그 집을 쉽게 부숴버리지 못하게 하는 일종의 보호막 역할을 하고 있다. 집이 부동산 가치로 매겨진 지 오래인 우리나라에서는 쉽게 이해하기 어려운 풍경이다. 블루 플라크를 붙여놓는다고 부동산 가치가 오르는 것도 아닌데, '단순히 누군가에게 의미가 있는 집이라고 해서 지어진 지 1백 년도 훨씬 더 된 집들을 군이 보존해야 할 필요가 있을까?'라고 생각할 수도 있을 것이다. 우리나라에서는 지어진 지 30년만 넘어도 곧잘 철거 리스트에 오르니 말이다.

그런데 영국에서는 2~3백 년 넘은 집은 기본이고, 1백 년 정도 된 집도 오래된 축에 끼지 않는다. 런던에서 내가 살았던 곳들도 모두 1백 년이 넘은 집들이었다. 내가 처음 살았던 플랫Flat(영국에서 아파트를 지칭하는 단어)도 1820년대에 군복 제조 공장으로 지어졌다가 주거용 아파트로 개조된 건물이었다.

2백 년 가까이 된, 게다가 과거에 공장으로 사용한 건물이라니 매우 낙후된 이미지를 떠올릴지 모르겠지만, 런던에서는 꽤 좋은 아파트에 속하는 곳이

었다. ㄷ자로 생긴 아파트 단지 중앙에는 커다란 분수와 사계절 내내 온갖 꽃
으로 예쁘게 가꾸어진 영국식 정원이 있었다. 내부도 현대적으로 수리되어 살
기에 쾌적했다. 한 가지 단점이 있다면 창문이 옛날 나무 방식 그대로여서 외
풍이 너무 심하다는 것이었다. 가뜩이나 영국의 겨울은 을씨년스러운데 집에
외풍까지 드는 덕에, 그해 겨울 내내 곰처럼 털옷을 입고 살아야만 했다. 현재
이사해서 살고 있는 집의 창문도 옛날식 나무 창문이라 겨울에는 춥고 여닫기
불편하다. 이런 이유로 우리나라의 이중 샷시가 간절할 때가 자주 있다.

사실 우리나라만큼 새 아파트가 흔한 곳도 드물다. 그래선지 런던에 살면
서 가끔 그 첨단의 편리함이 그리워지면 상대적으로 영국이 낙후된 곳(?)처
럼 느껴질 때가 있다. 서울의 현대적인 아파트에 길들여져 있다 런던에 온 친
구들은 하나같이 영국에 와서 살 집을 보고 너무 구식이어서 크게 실망했다
는 넋두리를 늘어놓는다. 영국의 수도 런던에서 삐걱거리는 나무 창문이 달
린 구식 아파트라니…. 가끔은 미련해 보일 정도로 영국인들은 오래된 집을
보존하는 데 집착한다.

영국에는 블루 플라크와는 또 다른 보호건축물 지정Listed Building이라는 제도
가 있다. 이 제도는 역사적으로 의미 있는 건물을 보존하기 위해 국가에서 보
호건축물로 지정한 것으로, 이렇게 지정된 건물은 지방 당국의 허가 없이는
함부로 부수거나 변형할 수 없다. 물론 모든 나라들이 역사적으로 의미 있는
건물을 보호·관리하고 있긴 하지만, 영국이라는 나라는 특히나 유별나다. 현
재 영국에는 무려 37만여 개가 넘는 곳이 보호건축물로 지정되어 있다. 비단
건물뿐 아니라 다리를 비롯하여 심지어 비틀즈의 앨범 재킷 촬영지로 유명해
진 애비 로드Abbey Road 같은 건널목조차도 보호건축물로 지정되어 있다.

몇백 년이 된 건물들은 개보수는 물론이고 유지 관리도 힘들 테니 차라리
부수고 새로 짓는 편이 나을 수도 있을 테지만 조금이라도 역사적인 의미가
있는 건물은 죄다 보호건축물로 지정해놓고 허물지 못하게 하는 덕에 이곳에
서는 어쩔 수 없이 오래된 건물을 고쳐 쓰는 것에 다들 익숙한 모습이다.

런던에서는 1백 년 전의 화력발전소가 멋진 축구장이나 고급 쇼핑몰로 변
신하기도 하고, 140년 된 호텔이 기차역으로, 심지어 빅토리아 시대의 화장

실도 분위기 있는 카페로 다시 태어날 수 있다. 실제로 내가 자주 가는 한 멋진 카페는 50년 동안 방치된 채 지하에 잠들어 있던 화장실을 개조한 곳인데, 지금껏 내가 가본 카페 중에 가장 멋진 곳이다. 다른 곳데서는 보기 어려운 이런 놀라운 변신을 즐길 수 있는 곳이 런던이고, 이런 점이 바로 런던의 매력이다. 런던에서는 한 세대 전의 감성과 오늘날의 젊고 새로운 감각이 만나 색다른 스토리가 담긴 멋스러운 예술 작품이 되고, 그것이 런던만의 빈티지 스타일이 되기도 한다.

문득 서울의 풍경이 떠오른다. 예전에 4년 만에 한국에 돌아갔는데 동대문운동장은 어느새 사라지고 없고, 그 자리에 유명 건축가가 설계했다는 현대적인 건축물의 공사가 한창이었다. 20대 초반에 자주 가던 이대 앞에는 추억이 깃든 작은 가게들 대신 대형 쇼핑몰이 들어섰다. 그렇게 추억이 담긴 장소들이 하나씩 사라지는 것을 보며 서운한 마음이 들었다. 낡고 오래되었다는 이유로 지금처럼 사라지고 나면 몇 년 뒤 서울은 내게 너무 낯선 곳이 되어버리는 건 아닐까? 추억의 끈이 모두 사라진 그곳에서 혹시 이방인의 기분을 느끼게 되는 것은 아닐까?

어느 건축가의 말처럼 인간의 수명은 1백 년이 채 되지 않지만 건물은 그보다 더 오랫동안 자리를 지키며 많은 이들의 추억과 사연을 담고 있다. 과연 그런 건물들을 개발이라는 명목으로 쉽게 허물어도 되는 것인지 곰곰이 생각해볼 필요가 있다. 낡고 오래된 것을 더 이상 쓸모 없고 버려야 할 존재로 보지 않고, 새것이 대체할 수 없는 깊은 멋을 풍기는 가치 있는 것으로 여기는 런더너들을 통해 '낡음의 미학'을 제대로 배우고 있다.

왠지 시곗바늘이 천천히 가는 듯 혹은 멈추어 버린 듯한 장면 속의 도시에 살고 있는 나는 이곳에서의 기억을 노트와 마음에 꼭꼭 눌러 담고 있다. 이 도시에서 보낼 날들이 내 앞에 얼마나 남아있을까?

때로는 계획을 정확히 세워 놓고 일직선으로 그 선을 따라가리라 단단히 마음먹기도 하고, 시계의 알람을 정확히 맞추어 놓기도 하지만 인생은 애초의 계획과 다르게 흘러가기도 한다. 그리고 의도치 않게 들어선 길에서 때로는 큰 놀라움과 기쁨을 발견하기도 한다.

나 역시 한 번도 꿈꾸어 보지 않았던 런던으로 아주 우연히 흘러 들어와 런더너들을 통해 아름다움을 바라보는 새로운 시각과 삶의 여유, 새로운 가치관을 배우고 또 키워나가고 있다. 이곳에 오지 않았다면 영원히 모르고 살았을 수도 있는 것들을 말이다. 언젠가 또다시 다른 도시로 흘러가게 되었을 때 이곳에서의 기억을 꺼내 볼 수 있게 눈으로 마음으로 촉각으로 그리고 맛으로 내가 느낀 런던의 시간을 고이 간직해야겠다. 런던을 만난 건 내게 행운이다.

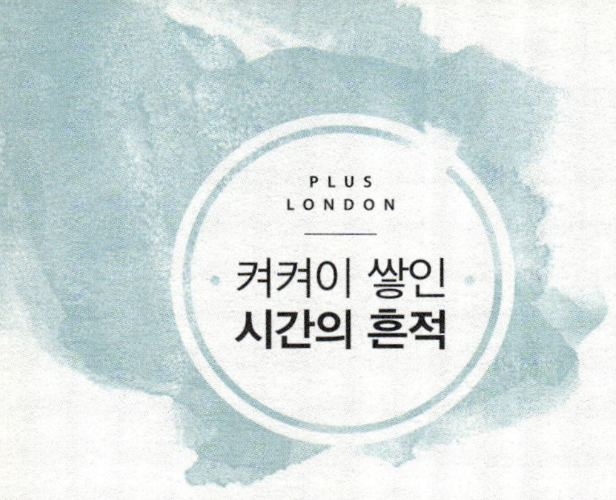

켜켜이 쌓인
시간의 흔적

블루 플라크Blue plaque란?

1867년 왕립예술협회에서 시인 바이런Baron Byron의 생가를 기념하기 위해 고인의 집 앞에 파란색 동그라미의 표지판을 달아놓은 것을 시작으로, 특별한 업적을 남긴 인물의 인생에서 의미가 있는 집을 발굴해 집 앞에 둥글고 파란 표시판을 걸어놓고 있다.

사망한 지 20년이 넘은 고인이나 현재 생존해 있는 인물의 경우에는 1백 년 전에 태어난 유명인에 한해 해당 건물이 그대로 보존되어 있는 경우에만 블루 플라크가 주어진다. 건물은 소실되었지만 역사적으로 의미 있는 집터도 블루 플라크의 대상이 된다. 현재 영국사적보호단체English Heritage의 주관하에 엄격한 심사를 통해 선정된 880여 곳의 집이 블루 플라크를 달고 있다.

런던에서 길을 걷다 보면 알프레드 히치콕Alfred Hitchcock이 미국으로 건너가 성공을 거두기 전까지 영화감독의 꿈을 키우며 13년 동안 살았던 집, 민족 해방을 외친 인도의 지도자 간디Mahatma Gandhi가 법학도 시절 머물렀던 집, 존 레논John Lennon과 오노 요코Ono Yoko가 살았던 곳이자 앨범 〈투 버진Two Virgin〉의 촬영지였던 집 등을 우연히 발견하는 소소한 즐거움을 누릴 수도 있으니 보물찾기를 하는 마음으로 거리를 걸어보자.

HOMEPAGE www.english-heritage.org.uk/discover/blue-plaques/
앱 다운로드 itunes.apple.com/gb/app/london-remembers/id578140481

오래된 건물이 새롭게 재탄생한 런던의 이색 공간

어텐던트 Attendant

- MAP 126p

런던의 야외 화장실들은 보통 지하에 있다. 그중 50년 동안 방치되어 있던 빅토리아 시대의 야외 화장실이 진한 커피 향 가득한 멋진 카페로 개조되었다. 아마도 이 세상에서 가장 파격적인 건물 용도 변경이 아닐까? 남자 화장실의 소변대는 카페의 멋진 1인용 테이블이 되었고, 탕비실은 주방으로 변신했다.

ADD ⊖ *Oxford Street* ⊖ *Goodge Street*
26-27 Downstairs, Foley Street, London W1W 6DY
TEL +44-20-7637-3794
TIME 월~금 8:00~18:00, 토 10:00~17:00
HOMEPAGE www.the-attendant.com

타운 홀 호텔 Town Hall Hotel

- MAP 135p

에드워드 7세 시대인 1910년에 지어진 타운 홀Town hall(동사무소나 구청 같은 공공사무소)이 부티크 호텔로 멋지게 재탄생했다. 옛 타운 홀의 모습은 그대로 간직한 채 건물의 뒷부분과 지붕을 금속 판넬로 감싼 모습으로 약간의 변신을 꾀했다. 사무실이 있던 자리에는 객실이 들어섰고, 2층에는 최근 미슐랭 별을 받으며 떠오르고 있는 셰프 누노 멘데즈Nuno Mendes의 세컨드 레스토랑인 코너 룸Corner Room이 있다. 빈티지한 분위기와 가격 대비 퀄리티 높은 요리가 인기 비결이다.

ADD ⊖ *Bethnal Green* Patriot Square, Bethnal Green, London E2 9NF
TEL + 44-20-7871-0461
HOMEPAGE townhallhotel.com

코너 룸

TIME 월~일 12:00~16:00(런치), 18:00~22:30(디너)
COST 2코스 런치 19£, 3코스 런치 23£

칠턴 파이어 하우스 Chiltern Fire House

- MAP 126p

1889년에 지어진 고풍스런 소방서 건물이 고급 호텔로 개조되었다. 소방차가 대기하던 차고였던 곳에 들어선 멋진 레스토랑에서는 이곳의 셰프 누노 멘데즈Nuno Mendes만의 독특한 요리세계를 만날 수 있다.

ADD 🚇 *Bond Street* 🚇 *Baker Street*
1 Chiltern Street, London W1U 7PA
TEL +44-20-7073-7676
TIME 월~금 5:00~23:00, 토~일 11:00~15:00(런치),
18:00~23:00(디너)
HOMEPAGE www.chilternfirehouse.com

테이트 모던 Tate Modern

- MAP 110p

템스 강변에 위치한 테이트 모던Tate Modern은 1980년 초에 가동을 멈춘 뒤 방치되어 있던 화력발전소를 개조, 2000년에 현대미술관으로 개관하여 일찌감치 재생과 문화의 연결 고리를 찾은 대표적인 예로 손꼽힌다. 한때 산업화의 상징으로 연기를 뿜어내던 긴 굴뚝이 이제는 세계적인 현대미술의 상징적인 장소가 되었다는 점이 꽤나 흥미롭다. 로비 입구에서 내려갈수록 점점 낮은 경사로 이어지는 거대한 터빈 홀Turbine Hall(과거에 터빈이 있었다고 함)은 화력발전소의 5층 건물을 통으로 뚫어놓은 것으로 매년 다른 작가를 선정하여 일부 기간에만 '유니레버 시리즈Unilever Series'라는 전시를 선보이고 있는데, 이는 테이트 모던을 대표하는 유명 전시다.

ADD 🚇 *Southwark* Bankside, London SE1 9TG
TEL +44-20-7887-8888
TIME 일~목 10:00~18:00, 금~토 10:00~22:00
CLOSED 12월 24일~26일
HOMEPAGE www.tate.org.uk

올드 트루먼 브루어리 Old Truman Brewery

- MAP 135p

1666년에 세워진 맥주 공장인 올드 트루먼 브루어리
Old Truman Brewery는 19세기 말에 세계에서 가장 큰
양조장 중 하나일 정도로 유명한 곳이었다. 1989년에
문을 닫았지만 양조장의 오래된 건물과 넓은 부지는
그대로 보존 되어 보호건축물로 지정되었고, 가난한
예술가들이 하나둘씩 모여들어 현재 자유로운 젊음
의 명소가 되었다.

올드 트루먼 브루어리가 위치한 브릭 레인에는 런던
의 유명한 빈티지 옷가게들과 레코드 숍, 작은 카페와
레스토랑, 갤러리 등이 빼곡하게 들어서 있다.

이 지역은 독특한 분위기로 현지인들과 관광객 모두
에게 매우 유명하지만 이런 건물과 지역에 대한 이
해가 없이 바라본다면 다소 지저분하고 음침해 보
일 수도 있다. 하지만 그곳에 얽힌 역사를 알고 나
면 칠이 벗겨진 낡은 창문, 창고와 뒤뜰 등 곳곳이 달
리 보일 것이다.

ADD 🔵 *Aldgate East* 🔵 *Old Street*
91 Brick Lane, London E1 6QL
HOMEPAGE www.trumanbrewery.com

세인트 판크라스역 St Pancras Railway Station

유로스타를 타고 영국에 입국하면 가장 먼저 런던의
세인트 판크라스역을 만나게 된다. 이곳은 현재 빅토
리아 시대 고딕 양식의 붉은 벽돌 건물과 현대적인
파란색 철조 아치가 절묘하게 어우러져 있어 고전미
와 현대미가 조화를 이루는 대표적인 건축물로 손꼽
힌다. 1868년에 미드랜드 철도Midland Railway 선의 종
착역으로 처음 문을 열었으며, 제2차 세계대전 중 일
부가 파괴되었지만 꾸준한 보수 및 확장 공사를 통해
오늘날의 모습을 갖추게 되었다. 역 정면에는 1876년
에 지어져 과거 미드랜드 그랜드 호텔Midland Grand
Hotel에서 현재 세인트 판크라스 르네상스 호텔로 바
뀐 고풍스러운 고딕 양식의 건물이 연결되어 있고,
2004년에 완공된 동쪽 게이트는 매우 현대적인 모습
을 갖추고 있어 진입 방향에 따라 전혀 다른 모습을
볼 수 있다. 세인트 판크라스역과 연결된 킹스 크로스
King's Cross역 역시 고풍스러움과 첨단미가 어우러진
이색적인 기차역으로 손꼽힌다. 영화 〈해리포터와 마
법사의 돌〉의 9와 3/4 승강장으로도 유명한 킹스 크
로스역에서는 영화 속 장면을 재현한 9와 3/4 승강
장을 만날 수 있다.

ADD 🔵 *St. Pancras* Euston Road, London
N1C 4QP
TEL +44-20-7843-7688
HOMEPAGE www.stpancras.com

런던 **근교 정보**

대중교통을 이용해서 근교 도시로 당일치기 여행 다녀오기

저마다의 모습을 간직한 영국의 작은 소도시와 전원의 풍경은 시와 소설, 동화에도 자주 등장할 만큼 아름답기로 유명하다. 동화 속 한 장면처럼 예쁜 풍경을 자랑하는 소도시들 가운데, 런던에서 기차나 시외버스를 타고 당일치기 여행을 다녀올 수 있는 곳들을 소개한다.

AROUND
LONDON
COBBLES TEA ROOM
Morning Coffee
Light Lunches
Afternoon Teas
Homemade Cakes & Scones
The Cobbles TEA-ROOM
OPEN

OXFORD

옥스퍼드

해리포터의 흔적을 찾아서

런던에서 버스로 한 시간 40분 거리에 있는 옥스퍼드는 세계적인 명문 대학인 하버드, 콜롬비아, 케임브리지와 같은 대학 도시에 비해 유난히 관광객으로 붐빈다. 이곳은 할리우드 중심의 세계 영화시장의 판도를 바꾸어놓은 〈해리포터〉 시리즈의 촬영지이자 〈반지의 제왕〉, 〈나니아 연대기〉 등 영국산 판타지 영화의 원작이 탄생한 곳이기 때문이기도 하다. (북유럽 신화와 전설을 바탕으로 한 《반지의 제왕》의 원작자 J.RR 톨킨은 옥스퍼드 엑서터 칼리지의 문헌학과 교수였고, 《나니아 연대기》의 저자 C.S 루이스는 옥스퍼드 모들린 칼리지의 영문학 교수였다. 그리고 만화로 더 유명한 《이상한 나라의 앨리스》의 저자 루이스 캐럴은 옥스퍼드 크라이스트 처치 대학의 수학과 교수로 모두 옥스퍼드에서 작품을 완성했다고 한다.)

해질 무렵에는 마치 이곳의 대학생들처럼 기분을 내며 대학 앞의 유명한 펍을 돌아다녀보는 것은 어떨까? 대학생들로 가득한 토요일 저녁에 펍에서 옆 테이블의 이야기를 엿들으며 '이들 중 나중에 세계를 놀라게 할 유명 작가나 데이비드 캐머런, 빌 클린턴 같은 유명한 정치인이 나오지는 않을까?' 상상해보는 것도 재미있다.

영국의 대학 교육

영국도 우리나라처럼 전문직을 안정된 직업으로 꼽는다. 다만 대졸자라고 해서 사회적 인식이 크게 달라지는 것은 아니기 때문에 우리처럼 맹목적으로 대학교에 진학하는 편은 아니다. 게다가 세계적인 불황의 여파로 대학 졸업 후 취업이 어려워졌고, 최근 세 배나 오른 비싼 등록금(일 년 기준 9천 파운드, 약 1천7백만 원)에 대한 부담 등으로 예전보다 대학 진학에 대해 현실적으로 고려하는 추세라고 한다.

대부분의 영국 고등학생들은 1학년때 0레벨0 Level이라는 중등교육 검정시험gcse을 마치고 바로 취업전선에 뛰어든다. 학업에 뜻이 있는 학생들만이 남은 2년의 고교과정을 이수하고, 에이 레벨A Level이라는 대입시험을 거쳐 대학에 진학하는데, 대학생이 된 후 더욱 진지하게 학업에 몰두한다고 한다. 영국의 학부는 3년제지만 고등학교에서 기초적인 교양과정을 배우기 때문에 대학 진학 후 교양수업 없이 1학년 때부터 바로 전공 과목을 들으며, 일 년에 3학기제로 운영되는 점이 세계의 다른 대학들과 다르다.

옥스퍼드 대학교
Oxford University

12세기에 옥스퍼드 대학교가 설립될 당시 대학에서 가르친 과목은 단 하나, 신학뿐이었으며 학생들은 지식인이라기보다는 가난한 고아들이거나 수도사들이었다고 한다. 신학자들이 학생들을 모아 한 건물에서 같이 먹고 자면서 일대일로 가르치고 배운 것이 중세 칼리지College(동료들colleagues의 모임을 어원으로 함)의 시작이며 이런 칼리지들의 집합체가 바로 오늘날의 대학교(University는 '집합체'라는 뜻)다.

옥스퍼드 대학에 가보면 실제로 칼리지 건물마다 '학생들이 먹고 자고 공부하는 곳이니 조용히 해달라'는 안내 문구가 써 있다. 현재 38개의 칼리지로 이루어진 옥스퍼드 대학교는 특히 인문학 분야에서 세계적인 명문 대학으로 손꼽히며 수많은 정치인과 노벨상 수상자를 배출해냈다. 미얀마의 아웅산 수찌를 비롯하여 마거릿 대처, 토니 블레어, 데이비드 캐머런 같은 영국의 총리와 전 미국 대통령 빌 클린턴 등의 정치가들이 옥스퍼드를 졸업한 인물들이다.

보들리언 도서관
Bodleian Library

〈해리포터와 마법사의 돌〉에서 세 명의 주인공이 볼드모트와 싸우기 위해 책을 찾던 장소로 등장했던 이곳은 옥스퍼드에서 가장 오래된 도서관으로 1320년대에 세워졌다. 지금껏 영국에서 출간된 모든 책을 소장하고 있고, 그것들은 대부분 초판본이다. 18세기 후반에는 막대하게 불어난 책들을 보관할 공간이 부족하여 래드클리프 카메라Radcliffe Camera라는 도서관을 근처에 신설했다.

ADD Broad Street, Oxford, OX1 3BG
TEL +44-18-6527-7162
TIME 월~금 9:00~17:00
COST 한 시간 투어 7£(할인 요금이 적용되지 않는다)
HOMEPAGE www.bodleian.ox.ac.uk

* 도서관이다 보니 자유롭게 입장이 불가능하고 반드시 투어 예약을 해야 한다. 11세 미만 어린이는 입장이 불가능하다.

크라이스트 처치
Christ Church

해리포터 시리즈의 촬영지이자 《이상한 나라의 앨리스》
가 탄생한 곳이다. 옥스퍼드에서 가장 많은 관광객들로
붐비는 이유는 영화 〈해리포터와 마법사의 돌〉에서 호
그와트 마법학교의 식당 장면을 촬영한 곳이기 때문이
다. 홀Hall이라 불리는 식당 안으로 들어가면 이 대학의
설립자인 헨리 8세의 초상화가 가운데 걸려 있고, 크라
이스트 처치 칼리지를 졸업한 유명 인사들의 초상화가
줄줄이 걸려 있다.
성당인 동시에 대학이기도 한 이곳은 옥스퍼드에서 가
장 큰 대학이며, 무려 13명의 영국 수상과 《이상한 나
라의 앨리스》의 저자 루이스 캐럴을 배출하기도 했다.
루이스는 천성적으로 수줍음이 많아 사람들과 어울리
는 것을 좋아하지 않았지만 어린이와 이야기 나누는 것
은 좋아했다고 한다. 《이상한 나라의 앨리스》도 크라이
스트 처치 학장의 어린 딸이었던 앨리스 리델을 만나 함
께 놀아주며 들려준 이야기에서 시작되었고 주인공 앨
리스도 앨리스 리델을 모델로 했다. 크라이스트 처치 안
과 정문 앞에 앨리스 기념품 가게가 있다.

TIME 월~일 10:30~16:30
COST 성인 7£, 어린이(5세~17세) & 학생 & 60세 이상
5.50£, 패밀리(성인2&어린이3) 14£. 계절별로 요금 변
동 있음.
*보통 오전 11시 40분부터 오후 2시 30분 사이에는 학생
들이 실제로 식사를 하기 때문에 홀에 입장할 수 없다.
(학교 사정에 따라 개방 시간이 조금씩 달라지기도 한다.)
HOMEPAGE www.chch.ox.ac.uk

그랜드 카페
The Grand Café

1650년에 영국에 최초로 생긴 카페다. 대리석 기둥과 인테리어에서 옛 카페의 모습을 엿볼 수 있다. 스티브 존슨이라는 유명한 미국 학자가 '좋은 아이디어란 어디서 오는가'라는 TED 강연에서 언급했다. 과거에 수질 상태가 식수로는 적합하지 않던 시절 영국인들은 매기 물 대신 술을 마셨다고 한다. 그러나 홍차가 전해진 후부터는 카페에서 홍차를 마시기 시작하며 낮에 맑은 정신으로 모여 좋은 아이디어를 공유하기 시작했다고 한다. 이곳은 빌 클린턴의 딸 첼시 클린턴이 옥스퍼드에서 공부하던 시절 가장 좋아했던 곳으로 아버지와 여러 번 방문했다.

ADD 84 The High Street. Oxford, OX1 4BG
TEL +44-18-6520-4463
HOMEPAGE www.thegrandcafe.co.uk

이글 앤드 차일드 펍
The Eagle and Child

16세기에 문을 열어 5백여 년의 역사를 자랑하는 이곳은 해질 무렵이면 옥스퍼드 대학의 학생들과 교수들로 북적거린다. 실제로 《반지의 제왕》의 원작자 톨킨과 《이상한 나라의 앨리스》의 저자 루이스가 소속된 잉클링스Inklings라는 문인 모임이 매주 이곳에서 열렸다고 하며, 두 작가가 단골 손님이었다는 소개문이 펍에 크게 적혀 있다.

ADD 49st, Giles, Oxford, OX1 3LU
TEL +44-18-6530-2925
TIME 월~토 11:00~23:00, 일 12:00~22:30
HOMEPAGE www.nicholsonspubs.co.uk/theea-gleandchildoxford/

CAMBRIDGE

케임브리지

지성인들이 모인 면학의 도시

런던에서 버스로 두 시간 거리에 있는 케임브리지는 옥스퍼드보다 작고 한적한 대학 도시다. 작은 도시를 천천히 걷다 보면 자전거를 타고 다니는 학생들과 고요하게 흐르는 캠강River Cam이 먼저 눈에 들어온다.

옥스퍼드가 전통적으로 인문학이 강세라면 케임브리지는 자연과학이 강세라고 할 정도로 과학사의 한 페이지를 장식하는 유명한 과학자들이 이곳에서 연구를 하고 위대한 발견을 했다. 마을을 한 바퀴 둘러보며 아이작 뉴턴과 찰스 다윈이 공부했던 교정을 걷다 보면 마치 그들이 그랬던 것처럼 벤치에 앉아 사색에 잠겨 있는 학생들을 만날 수 있다.

케임브리지 대학교
Cambridge University

케임브리지 대학교의 기원은 1209년 옥스퍼드에서 학생과 주민 간의 갈등으로 일부 학생과 교수가 케임브리지로 이주하여 교육 활동을 시작한 데서 비롯된다. 1284년에 케임브리지 대학교 최초의 칼리지인 피터하우스가 설립되면서 정식 대학으로 인가되었고, 8백 년에 가까운 시간 동안 우수한 연구와 업적을 남기며 현재 31개의 칼리지와 6개의 스쿨로 이루어진 세계적인 명문 대학교로 거듭났다. 영국의 초대 총리인 로버트 월폴과 하버드 대학교의 설립자 존 하버드를 비롯하여 철학자 베이컨, 과학자 찰스 다윈 그리고 영화배우인 〈설국열차〉의 틸다 스윈턴, 〈러브 액추얼리〉의 엠마 톰슨 등이 여러 분야에서 두각을 나타내고 있는 케임브리지 출신의 저명인사들이다.

트리니티 칼리지
Trinity College

케임브리지 대학교 중에서 가장 큰 규모의 칼리즈 로 헨리 8세에 의해 1546년에 창설되었다. 시인 바이런을 비롯하여 찰스 황태자도 이곳에서 공부했으며 칼리지 한 곳에서만 31명의 노벨상 수상자를 배출한 노벨상의 요람으로 명성이 자자하다. 특히 자연과학 분야에서 뚜렷한 두각을 나타내고 있다. 교과서에서 익히 들어온 우주물리학자 스티븐 호킹과 만유인력을 발견한 아이작 뉴턴 같은 세계적인 과학자들이 이곳에서 공부했다. 학교 앞에는 아이작 뉴턴의 고향에서 옮겨 온 사과나무의 자손 한 그루가 서 있다. 지금도 이어지고 있는 대학의 오랜 역사이자 자부심의 상징이라고 한다.

영국 대학 역사의 초창기에는 수도사들이 학교를 세웠다면, 15세기 이후 헨리 8세와 엘리자베스 1세에 의해 왕권이 굳건해진 시기에는 학문과 문화의 부흥을 위해 왕이 직접 대학을 세우기 시작했다. 케임브리지 대학교의 유명 대학 킹스 칼리지King's College나 퀸스 칼리지Queen's College라는 이름에서 엿볼 수 있듯이 킹스 칼리지는 1441년 헨리 6세가, 퀸스 칼리지는 헨리 6세와 에드워드 4세의 왕비가 세운 대학이다. 실제로 헨리 8세가 세운 트리니티 칼리지Trinity College의 정문 위에는 헨리 8세의 동상이 서 있다.

ADD Cambridge, CB2 1TQ
HOMEPAGE www.trin.cam.ac.uk

이글
The Eagle

때로는 그 지역에서 가장 유명한 펍에서 지역의 특징과 분위기를 엿볼 수 있다. 케임브리지에서 유명한 이글 펍은 근처 캐번디시 연구소의 과학자들의 단골 펍이다. 그중 제임스 왓슨James Watson과 프랜시스 크릭Francis Crick이라는 두 생물학자가 이곳에서 DNA 이론에 대해 토론하기도 했다. 1953년 이곳에서 왓슨과 크릭이 처음으로 DNA 이중나선 구조를 밝혀냈고 사람들에게 알렸다는 설명이 입구에 붙어 있다.

ADD Benet Street, Cambridge, CB2 3QN
TEL +44-12-2350-5020
TIME 월~토 9:00~23:00, 일 9:00~22:30

HASTINGS

헤이스팅스

영국의 역사를 바꾸어놓은 항구 도시

헤이스팅스역에서 내려 내리막길을 따라 마을 아래쪽으로 내려가면 명랑하고 유쾌해 보이는 놀이기구들 뒤로 시원한 바다가 한없이 펼쳐진다. 영국해협English channel이라 부르는 이 바다를 넘어 1066년 정복왕 윌리엄이 이끄는 노르만 족은 브리튼 섬을 침략했고, 이들의 승리로 잉글랜드 왕조는 앵글로 색슨 왕조에서 노르망디 왕조로 넘어가게 된다. 이곳이 바로 훗날 영국의 언어와 사회에 많은 변화를 가져온 '헤이스팅스 전투'가 벌어진 역사적인 장소다.

과거의 피 묻은 격전지의 역사는 잊은 채 오늘날의 이곳은 평화롭고 한적하기만 하다. 구시가지의 언덕을 따라 올라가면 고풍스러운 영국 마을의 모습이 그림처럼 펼쳐진다. 관광객으로 북적이지 않는 조용한 마을에서 바다를 바라보며 머리를 식히고 싶을 때 당일치기로 다녀오기 좋은 곳이다.

가는 법

1. 빅토리아Victoria역에서 기차를 타고 헤이스팅스역에서 하차(약 2시간 소요. 빅토리아역에서 출발하는 것이 요금이 가장 싸다)
2. 차링 크로스Charring Cross역에서 기차를 타고 헤이스팅스역에서 하차(약 한 시간 50분 소요)
3. 캐논 스트리트Cannon St역에서 기차를 타고 헤이스팅스역에서 하차(약 한 시간 50분 소요)

HOMEPAGE www.visit1066country.com

마을 둘러보기

런던에서도 흔히 볼 수 있는 상점들이 몰려 있는 신시가지보다 개성있는 카페와 앤티크 숍들이 모여 있는 구시가지Old Town의 하이 스트리트에 볼거리가 훨씬 더 많다. 해변가에 위치한 해산물 레스토랑에서 피시 앤 칩스로 가벼운 식사를 한 후 구시가지의 하이 스트리트를 구경하며 언덕 위로 올라가는 루트를 짜도 좋다.

구시가지 정보
www.theoldtownhastings.co.uk

웨스트 힐 & 이스트 힐
West Hill& East Hill

해변을 따라 가파른 절벽처럼 보이는 두 개의 언덕이 보인다. 리프트를 타고 언덕으로 올라가 푸른 언덕 위에서 내려다보는 마을의 전경이 장관이다. 웨스트 힐로 올라가면 헤이스팅스 성으로도 접근할 수 있다. 웨스트 힐의 리프트는 1889년, 이스트 힐의 리프트는 1903년에 운행을 시작해 현재 100년이 넘게 언덕을 오르내리고 있다.

TIME 월~일 10:00~17:30(하절기), 월~일 11:00~16:00(동절기)
COST 성인 왕복 2.50£/ 어린이&학생&노인 왕복 1.50£

헤이스팅스 성
Hastings castle

정복왕 윌리엄이 영국에 처음으로 세운 성. 14세기 프랑스의 공격과 제2차 세계대전의 폭격으로 많은 부분이 훼손되었지만 보수하지 않고, 그 터만 가까스로 보존하고 있다.

COST 성인 4.35£/ 어린이(3~14세) 3.60£/ 노인&학생 4.00£/ 패밀리(성인 2 & 아이 2) 13.25£

RYE

라이

중세의 시간을 간직한 마을

가을에 방문한 라이는 7백 년의 시간을 곱게 간직한 아름다운 마을이었다. 지도 없이도 서너 시간이면 다 둘러볼 수 있을 정도로 작은 마을이지만 중세 시대의 느낌을 곳곳에 담은 고풍스럽고 평화로운 분위기가 이방인들을 낯설지 않게 맞이해주었다. 무엇보다도 한결같이 모두 친절했던 사람들(배를 고치러 부산에 가본 적이 있다는 상점 아저씨와 티룸에서 만난 인상 좋은 중년 부부)이 잊혀지지 않는다.

실제로 1573년 엘리자베스 1세가 라이를 방문했을 당시 주민들의 진정한 환대와 아담한 이 마을만의 분위기에 반해 여왕이 라이 로열Rye Royal이라는 이름을 붙여주기도 했다고 한다. 한산한 마을을 걷다 보면 젊은이들보다 노인들이 많이 보이는데, 은퇴 후 노인들의 휴양지로 많이 선택받는 곳이기도 하다.

가는 법

헤이스팅스에서 라이로 가는 법

1. 바닷가 놀이공원 앞에서 344버스나 100번 버스를 타고 라이에서 하차(약 40분 소요)
2. 헤이스팅스역에서 기차를 타고 라이역에서 하차(약 20분 소요)

런던에서 라이로 가는 법

1. 빅토리아역에서 기차를 타고 애시포드 인터내셔널 Ashford International역에서 하차, 라이행 기차로 환승해야 한다.(빅토리아역에서 애시포드 인터내셔널역까지 한 시간 20분 소요, 애시포드 인터내셔널역에서 라이역까지 20분 소요, 총 한 시간 50분 정도 소요.)
2. 세인트 판크라스역에서 기차를 타고 애시포드 인터내셔널역에서 하차, 라이행 기차로 환승해야 한다.(세인트 판크라스역에서 애시포드 인터내셔널역까지 38분 소요, 애시포드 인터내셔널역에서 라이역까지 20분 소요, 빅토리아역에서 출발하는 것보다 기차 탑승 시간은 40분 정도로 훨씬 짧으나 운행 간격이 30분으로 실제 소요 시간은 한 시간 내외다.)

HOMEPAGE www.ryesussex.co.uk

랜드게이트
Landgate

1329년 헨리 3세가 이전까지 프랑스의 침략과 통치를 받은 마을을 재정비하기 위해 네 개의 문을 세웠다. 랜드게이트는 그중 현재 유일하게 남아 있는 문이다. 라이 Rye라는 마을의 이름은 프랑스어로 둑, 제방을 의미하는 'La Rie'에서 유래되었다고 한다.

머메이드 스트리트
Mermaid street

튜더, 조지 양식의 건물 지붕과 조약돌이 깔린 골목길이 인어의 비늘을 연상시킨다고 해서 붙여진 이름이다. 이 마을에서 가장 아름다운 길로 유명하다.

코블스 티룸
Cobbles tea room

머메이트 스트리트 뒷골목에 숨어 있는 아담한 티룸. 시골 마을의 티룸은 도시와는 다른 아늑한 분위기가 있다. 다리가 아파 올 때쯤 들러 차 한 잔 마시고 가기에 딱 좋을 만한 곳이다.

ADD 1 Hylands Close, Town Centre, Rye TN31 7EP
TEL +44-78-0809-7551
TIME 월~일 10:00~17:00
HOMEPAGE www.cobblestearoom.co.uk

WINDSOR & ETON

윈저 & 이튼

여왕의 주말 별장과 명문 사립학교가 있는
로열 버러Royal Borough

런던에서 서쪽으로 약 35km 떨어진 윈저 지역과 이튼 지역은 런던 교외의 명소 가운데 런더너와 여행자들에게 가장 인기 있는 장소 중 하나다.
영화 속의 철갑 옷을 입은 기사가 말을 타고 다닐 것만 같은 중세 시대 성채의 모습을 간직한 윈저 성이 언덕 위에 있고, 그 산기슭을 따라 유유히 흐르는 템스 강이 보인다. 윈저 브리지를 따라 템스 강을 건너면 왕자와 명문가의 자제들이 다니는 명문 사립학교 이튼 칼리지가 위치해 있다.

가는 법

1. 패딩턴역에서 기차를 타고, 슬로Slough역에서 윈저행 기차로 갈아탄 후 윈저&이튼 센트럴Windsor & Eton Central역에서 하차(약 40분 소요). 윈저 성까지는 도보로 5분 거리다.
2. 워털루Waterloo역에서 기차를 타고 윈저&이튼 리버사이드Windsor & Eton Riverside역에서 하차(약 한 시간 소요). 윈저 성까지는 도보로 5분 거리다.
3. 빅토리아 코치역Victoria Coach Station에서 그린라인 코치의 블랙넬Blacknell행 버스를 타고 윈저에서 하차.(약 한 시간 소요)

윈저 성
Windsor Castle

현재 영국의 왕가인 '윈저 가문'은 1840년 빅토리아 여왕과 앨버트 공의 결혼으로 시작되어 빅토리아 여왕의 손자 조지 5세가 왕가의 이전 이름인 '마르크스-하노버' 왕가를 1917년 '윈저' 왕가로 바꾸면서 공식 명칭이 되었다. 11세기 정복왕 윌리엄 시대부터 영국 왕실의 거처였던 성채는 1917년 왕가에 의해 '하우스 오브 윈저'로 이름이 바뀌었다.

현재 런던의 버킹엄 궁전과 더불어 엘리자베스 2세의 주요 거처인 윈저 성은 여왕이 주말에 가족과 함께 머무는 곳이다. 성의 상징인 미들 구역의 둥근 탑 위에는 평소 영국 국기가 걸려 있지만 여왕이 머무는 동안어는 왕실기가 걸린다.

윈저 성은 실제로 왕이 거주하는 성 중에서 세계에서 가장 크고 오래된 성으로, 내부 구조는 크게 로어 구역Lower Ward, 미들 구역Middle Ward, 어퍼 구역Upper Ward으로 이루어져 있다. 가장 큰 볼거리인 어퍼 구역의 스테이트 아파트먼트State Apartments가 바로 여왕이 거주하는 곳이다. 1992년 대화재로 큰 피해를 입었지만 1997년 복구가 끝나 여왕이 부재 중일 때는 내부 견학이 가능하다. 내부에는 방대한 양의 왕가의 수집품으로 꾸며져 있으며 그중 메리 여왕의 인형의 집Queen Mary's Doll's House은 유명 예술가와 작가들이 메리 여왕을 위해 미니어처로 제작한 정교한 인형의 집과 1천여 점의 여왕의 장난감들을 구경할 수 있어 관광객들이 가장 많이 찾는 곳이다.

ADD Windsor, Berkshire SL4 1NJ
TEL +44-20-7766-7304
TIME 3월~10월 9:45~17:15(마지막 입장 16:00), 11월~2월 9:45~16:15(마지막 입장 15:00)
보통 성 전체를 둘러보는 데 두세 시간이 걸린다. 해마다 구역별로 문 닫는 날이 조금씩 다르므로 꼭 둘러보고 싶은 구역이 있다면 홈페이지에서 확인하고 가는 편이 좋다.
COST 스탠더드 성인 18.50£(*10£), 60세 이상 및 학생(학생증 지참) 16.75£(*9£), 17세 미만 11£(*6.50£), 5세 미만 무료, 패밀리(성인 2, 17세 미만 3) 48£(*26.50£)
* 스테이트 아파트먼트가 문을 닫았을 경우의 입장료.
HOMEPAGE www.windsor.gov.uk

이튼 칼리지
Eton College

영국에서 퍼블릭 스쿨Public school이란 '사립 중고등학교'라는 뜻으로 우리가 보통 생각하는 공립학교와 반대의 의미로 통한다. 과거의 상류 계급은 가정 교사를 두어 교육을 받았으나 후에 학교라는 공공장소Public School를 만들어 상류층의 자제들이 모여 기숙사 생활을 하며 교육받는 지금의 퍼블릭 스쿨이 되었다.

그중 1440년 헨리 6세가 창설한 이튼 칼리지는 영국의 퍼블릭 스쿨 가운데 명문으로 꼽히는 사립 남학생 중고등학교다. 찰스 황태자와 윌리엄, 해리 왕자가 모두 기숙 생활을 하며 이튼 칼리지를 졸업했고, 16명의 영국 수상과 작가인 조지 오웰, 웰링턴 장군 등 영국의 유명 인사와 사회 지도자를 배출했다. 이튼 칼리지 출신들은 쉽게 옥스퍼드와 케임브리지 대학(줄여서 옥스브리지라고 불리는) 입학으로 이어지는 엘리트 코스이며, 사회 진출 시에 어느 대학 출신보다 '퍼블릭 스쿨 출신'이라는 것이 더욱 큰 도움이 된다는 사실은 아직도 귀족이 존재하는 나라 영국의 계급 사회의 모습을 보여주는 한 예다.

일부 제한된 기간에는 입장료를 받고 일반인에게 학교 내부를 공개하므로 학교 방문을 원한다면 방문 가능 시기를 미리 확인해보자.

ADD Eton College, Windsor, Berkshire SL4 SDW
TEL +44-17-5367-1000
HOMEPAGE www.etoncollege.com

SALISBURY

솔즈베리

세계 7대 불가사의를 만나러 가는 작은 마을

런던에서 기차로 한 시간 반 거리에 위치한 작고 아담한 솔즈베리에는 매년 세계 7대 불가사의 중 하나인 스톤헨지Stonehenge를 보기 위해 이곳을 찾는 수많은 관광객들의 발걸음이 이어진다.

마을의 중심인 마켓 스퀘어Market Square 주변의 좁은 골목에는 작은 상점과 고풍스런 건물들이 모여 있어 솔즈베리역에서 내려 스톤헨지로 향하기 전, 가볍게 도보로 둘러보기에 좋다. 마켓 스퀘어 남쪽에 접한 피시 로Fish Row의 관광안내소에서는 스톤헨지의 입장권과 버스표를 묶어서 판매한다. 런던 서부 근교도시 윈저Windsor – 스톤헨지Stonehenge – 배스Bath를 묶어 하루에 둘러볼 수 있는 투어코스로 스톤헨지를 둘러볼 수도 있으니 참고하자. 투어 프로그램은 런던 현지에 있는 여행사에서 신청할 수 있다.

가는 법
워털루Waterloo역에서 기차를 타고 솔즈베리Salisbury역에서 하차(약 한 시간 30분 소요). 솔즈베리역에서 하차 후 버스나 택시를 타고 25분 정도 이동해야 한다.

스톤헨지
Stonehenge

선사 시대 유적지인 스톤헨지는 고대 앵글로 색슨 언어로 '매달려 있는 바윗돌'이라는 의미다. 종교 의식을 위한 로마인의 신전인지, 고대의 천문대인지 정확한 용도와 어떻게 만들었는지에 대해 수많은 가설만이 존재할 뿐 아직까지도 명확한 해답을 찾지 못한 세계 7대 불가사의 중 하나다. 스톤헨지 주변에는 오직 드넓은 평원만이 펼쳐져 있고 커다란 산이나 돌조차도 찾아볼 수 없는데, 높은 곳에서 내려다보아야만 그 형태를 가늠할 수 있는 이 거대한 구조물을 선사 시대 사람들이 어떻게 원형으로 지었는지가 의문으로 남아 있다. 또한 사용된 석재 중 일부는 유적지에서 38km쯤 떨어진 말버러의 다운스 구릉 지대에서 가져 온 대사암으로, 또 다른 일부는 웨일스 지방에서만 볼 수 있는 현무암으로 밝혀져 운송 기술이 발전하지 않았던 당시에 수십 톤에 달하는 거석을 어떻게 운반했는지도 오늘날의 과학자들을 놀라게 하는 부분이다.

TIME 매일 9:30~18:00
(10~3월 16:00까지, 6~8월 9:00~19:00)
* 매해 계절별로 입장 시간이 조금씩 다르므로 미리 확인하고 가는 것이 좋다.
COST 성인 14.90£, 60세 이상 및 학생(학생증 지참) 13.40£, 어린이(5~15세) 8.90£, 패밀리(성인 2, 어린이 3) 38.70£
HOMEPAGE www.english-heritage.org.uk/daysout/properties/stonehenge

BATH

배스

고대 로마인이 세운 아름다운 온천 도시

배스의 첫 인상은 고대 로마인들의 흔적을 고스란히 간직한 유서 깊은 유적지지만, 여행을 마치고 나면 에이본 Avon 강가에 펼쳐진 작고 우아한 한 폭의 그림 같은 도시가 먼저 머릿속에 그려질 것이다. 언젠가 기회가 생긴다면 이곳에 다시 가서 마을이 내려다보이는 푸른 언덕 위의 카페에서 커피를 마시고, 마을 골목골목을 여유 있게 걸으며 아기자기한 상점을 구경하다 다리가 아파오면 에이본 강가 다리에서 한참을 사색에 잠기다 오고 싶은, 언제든 다시 한번 가고 싶은 곳이다.

가는 법

1. 패딩턴역에서 기차를 타고 배스 스파Bath Spa역에서 하차 (약 한 시간 30분 소요, 한 시간에 2대 운행)
2. 빅토리아 코치역에서 직행버스 이용(약 3시간 20분 소요, 두 시간에 1~2대 운행)

HOMEPAGE www.visitbath.co.uk

로만 배스
The Roman Baths

목욕을 의미하는 '배스bath'의 어원이 된 이곳은 기원전 11세기 브리튼 섬을 침략한 로마인들이 세운 목욕탕 유적으로, 유네스코에 등재된 세계문화유산이다. 지하에 묻혀 있던 목욕탕 터를 18세기에 발굴하여 당시 모습 그대로 복원했다.
지금도 김이 모락모락 피며 솟아나는 온천의 생명력과 2천 년의 세월을 간직하고 있는 색 바랜 돌기둥의 우직한 모습을 보고 있으면 인류가 남긴 유산은 참으로 대단하다는 생각과 함께 감탄사가 절로 나온다.

ADD The Roman Baths, Abbey Church Yard, Bath, BA1 1LZ (배스 스파역에서 도보로 10분)
TIME 9:30~16:30(11~2월), 9:00~17:00(3~6월, 9~10월), 9:00~21:00(7~8월)
COST 성인 13.50£(7~8월 14£), 65세 이상 및 학생(학생증 지참) 11.75£, 어린이(6~16세) 8.80£, 패밀리(성인 2, 어린이 4) 38.00£
HOMEPAGE www.romanbaths.co.uk

풀트니 브리지
Pulteney Bridge

에이번 강 위를 가로지르는 풀트니 브리지는 배스의 또
다른 명소다. 피렌체의 베키오 다리와 같이 다리 상부 양
쪽으로 상점이 가득 들어선 다리는 전 세계에 단 네 개
가 존재하는데, 풀트니 브리지가 그중 하나다. 1773년 르
버트 아담Robert Adam이 실제 이탈리아 피렌체의 베키
오 다리와 베네치아의 리알토 다리를 본 따 설계했다(그
의 드로잉은 런던의 존 손경 박물관(P.34)에 보관되어 있다). 이곳
은 영화 〈레 미제라블Les Miserables〉에서 자베르 경감
이 자살하는 다리로 등장하기도 했다.

ADD 14 Pulteney Bridge, Bath BA2 4AY
TEL +44-12-2546-1938
TIME 월~토 9:00~17:30
HOMEPAGE www.buildinghistory.org/bath/
georgian

샐리 룬스
Sally Lunn's

경주에 황남빵이 있다면 배스에는 샐리 룬스 번Sally
Lunn's Bun이 있다. 1680년 청교도 박해를 피해 프랑스
에서 건너 온 솔랑주 뤼용Solange Luyon이라는 여성이
배스에 정착해 빵집에서 일하며 고향에서 먹던 브리오
쉬Brioche를 굽기 시작했다. 타향에서 그녀의 이름은 샐
리 룬Sally Lunn이라는 영국식 발음으로 불리게 되었고
그녀가 만든 변종 브리오쉬는 당시 영국인들에게 새로
운 음식으로 비추어졌다. 빵과 케이크의 중간 식감인 번
은 식사와 곁들이기 좋고 달콤한 디저트로도 활용 가능
한 이중적 매력을 가졌던 것이다. 훗날 샐리 룬이 살았
던 건물 지하의 찬장에서 그녀의 비밀 레시피가 발견되
었는데, 이 레시피로 만든 번이 현재까지 배스의 명물로
이어 내려오고 있다. 지하에는 샐리 룬이 빵을 굽던 옛
아궁이를 간직한 작은 박물관이 있고, 위층에는 샐리 룬
의 번을 맛볼 수 있는 레스토랑이 있다.

ADD 4 North Parade Passage, Bath BA1 1NX
TEL +44-12-2546-1634
TIME 월~토 10:00~18:00, 일 11:00~18:00
COST 샐리 룬 번 1.88£, 메인 디시 6~8£
HOMEPAGE www.sallylunns.co.uk

초판 1쇄 발행 2014년 7월 21일
초판 7쇄 발행 2024년 1월 22일

저자 황소영

발행인 이봉주
단행본사업본부장 신동해

디자인 정해진 www.onmypaper.com **일러스트** 정진호
교정 · 교열 장지은 **마케팅** 최혜진 신예은
홍보 반여진 허지호 정지연 송임선 **제작** 정석훈

브랜드 봄엔
주소 경기도 파주시 회동길 20
문의전화 031-956-7362(편집), 031-956-7087(마케팅)
홈페이지 www.wjbooks.co.kr
인스타그램 www.instagram.com/woongjin_readers
페이스북 www.facebook.com/woongjinreaders
블로그 blog.naver.com/wj_booking

발행처 ㈜웅진씽크빅
출판신고 1980년 3월 29일 제406-2007-000046호

ⓒ황소영, 2014
ISBN 978-89-01-16523-3
        978-89-01-14926-4(set)